观赏花木
整形修剪技术

胡长龙　陈翔高
熊铁军　胡桂林 _编

U0231516

化学工业出版社

·北京·

内 容 简 介

《观赏花木整形修剪技术》介绍了观赏花木整形修剪的目的和意义，基本原理，常用工具，原则、程序、修剪时期，技艺、技法和观赏花木的特殊造型修剪等内容。着重对常见的122种观花、观果、观叶庭荫植物及藤本花木的整形修剪进行了专门的介绍，并整理拍摄了20种植物修剪视频（具体修剪操作视频可联系作者 2539843573@qq.com）。全书既有花木修剪理论的阐述，又有实际操作技术的描述和演示，且将我国传统花木修剪技艺与国外先进技术相结合，文字精练，简明易懂，图示清晰，图文相互对应，具有理论与实践融为一体、实用性强的特色和改革创新、适应当代生活需要的特点。

《观赏花木整形修剪技术》适合园林绿化管理人员及花木爱好者阅读，也可作为普通高等院校和职业院校园艺、园林、林学、农学、环境设计与物业管理等专业师生的教学参考用书。

图书在版编目（CIP）数据

观赏花木整形修剪技术／胡长龙等编. —北京：
化学工业出版社，2023.9
ISBN 978-7-122-43719-8

Ⅰ.①观…　Ⅱ.①胡…　Ⅲ.①花卉－修剪②园林植物
－修剪　Ⅳ.①S680.5

中国国家版本馆 CIP 数据核字（2023）第 116713 号

责任编辑：尤彩霞　　　　　　　　　文字编辑：焦欣渝
责任校对：宋　夏　　　　　　　　　装帧设计：韩　飞

出版发行：化学工业出版社（北京市东城区青年湖南街13号　邮政编码100011）
印　　刷：北京云浩印刷有限责任公司
装　　订：三河市振勇印装有限公司
850mm×1168mm　1/32　印张9　字数238千字
2024年4月北京第1版第1次印刷

购书咨询：010-64518888　　　　　售后服务：010-64518899
网　　址：http://www.cip.com.cn

凡购买本书，如有缺损质量问题，本社销售中心负责调换。

定　　价：79.00元

前　言

随着我国社会经济的迅速发展和人民生活水平的不断提高，观赏花木装饰美化了祖国大地，并不断走向家庭院落及室内。闲暇时欣赏花木、培养花木、使用观赏花木装饰绿化生活环境成为社会文明的一种新风尚。

观赏花木的整形修剪是生态环境建设、管理中的一项重要技术措施，很多国家将此作为职业院校的重要课程之一。我国很多大中专院校的园林、园艺专业将此技术列入教学计划，各城市的园林绿化、物业管理等部门都有专门从事这项工作的人员。

为了提高观赏花木整形修剪的整体理论知识和操作水平，笔者在总结自己近 60 年的教学、工作实践和相关园林技师们的经验基础上，融汇国内外的花木修剪技法，编写了本书。

《观赏花木整形修剪技术》介绍了观赏花木整形修剪的目的和意义，基本原理，常用工具，整形修剪的原则、程序和修剪时期，整形修剪的技艺、技法等内容，着重对常见的 122 种观花、观果、观叶花木的整形修剪进行了专门的介绍，并整理拍摄了 20 种植物修剪视频（具体操作视频可联系作者 2539843573@qq.com）。

全书既有花木修剪理论的阐述，又有实际操作技术的描述和演示，文字精练，简明易懂，图示清晰，图文相互对应，便于操作参考，具有理论与实践融为一体、实用性强的特色；本书还继承了我国传统花木修剪技艺，吸收了国外先进技术并改革创新，以适应当代园林生产、管理和人们日常生活的需要。

《观赏花木整形修剪技术》可作为普通高等院校和职业院校园艺、园林、林学、农学、环境设计与物业管理等专业师生的教学参考用书，也适合园林绿化管理人员及花木爱好者阅读。

本书编写过程中得到了张仁倩、熊艺汇的协助，在此深表感谢。

鉴于时间仓促，编者水平有限，书中若有疏漏和不足之处，敬请读者指正。

编者

2023 年 6 月

观赏花木
整形修剪技术

→ **目 录**

· Contents ·

第九章　观果花木的整形修剪

第十章　观叶、庭荫花木的整形修剪

第十一章　藤本花木的整形修剪

主要参考文献

第一章

概　述

　　观赏花木的整形修剪包括整形和修剪两方面，整形是修整观赏花木的整体外表，修剪是剪去不必要的杂枝或者为了新芽的萌发而适当处理树枝。

一、观赏花木整形修剪的目的

　　根据观赏树木的生长与发育特性、生长环境和栽培目的的不同，对树木进行适当的整形修剪，具有调节整株的长势、防止徒长、使营养集中供应给所需要的枝叶或促使开花结果的作用。修剪时还要讲究树体造型，使叶、花、果所组成的树冠相映成趣，并与周围的环境配置相得益彰，以创造协调美观的景致来满足人们观赏的需要。

二、观赏花木整形修剪的意义

1. 提高观赏树苗移栽的成活率

　　在起苗之前或起苗时和苗木定植后对苗木适当修剪，可提高树苗移栽的成活率。这是因为苗木起运时，不可避免地会伤害根部，易造成苗木栽植后树体的吸收与蒸腾比例失调，由于根部不能马上供给地上植株充足的水分和营养，虽然顶芽和一部分侧芽可以萌发，但是当叶片全部展开后就会发生凋萎，以致造成全株死亡。如果在起苗之前或起苗时给予重剪，可使地下养分、水分的吸收和地上部分叶面的蒸腾保持相对的平衡，栽植后就容易成活。

新定植的苗木，如果当年早春气温回升很快，就会出现土温低于气温现象，于是新植株萌芽、展叶、抽发新枝速度比新根生长的速度快得多，这时新根吸收水分将满足不了叶面蒸发的需要，一旦芽中贮存的水分消耗尽，树苗就会凋萎死亡。因此，将树苗上萌发过早的嫩梢剪掉，可避免因新根未能正常吸收而难以满足新梢生长所需致使树木凋萎死亡的情况发生；而待新根长出，能正常吸收水分、养分，就能供给新梢枝叶的生长需要，从而提高移栽的成活率。

2. 使观赏树木的主干达到理想的高度和粗度

根据观赏要求的不同，可通过整形修剪，使树木的主干达到理想的高度和粗度，满足造型需要。如要使树木的主干苍老，就要促使剪口下 3～4 枚侧芽发出。如果在树干的基部长出一些小侧枝，应尽早剪掉，以保持一个主干，促进侧上枝从主干上半部长出，形成合理的树冠。

小乔木的定干高度一般为 0.5～0.8 米。有些速生的阔叶树种在自然生长状况下主干低矮、侧枝粗大，而采取人工整形修枝，能使大量同化能力强的枝叶着生在树干的有利位置上，促使大量养分用于树木主干增粗的生长。用修枝的办法，对树干和树冠生长进行控制和调整，能使其长成所需要的树形，达到理想的高度和粗度，消除木材上的花节，提高木材的圆满度。

通过整形修剪，扶植粗大的侧枝，发展横向优势，可以控制高生长，使树木具有苍老矮化的造型。

3. 创造最佳环境美化效果

人们常将观赏树木的个体或群体互相搭配造景，配植在一定的园林空间中或者与山水、桥等园林小品相配，创造相得益彰的艺术效果。这就要求控制好树体的大小比例，而这一切都可通过整形修剪的手法达到目的。例如在假山或狭小的庭园中配置树木，可通过整形修剪来控制其形体大小，以达到小中见大的效果。对建筑窗前的树木，可通过修剪使株高降低，以免影响室内采光。树木相互搭配时，可用修剪的手法来创造有主有从、高低错落的景观。优美的庭园花木，生长多年后就会显得拥挤，有的会阻碍小径而影响散步行走或失去观赏价值，通过经常修剪整形，则能保持树形的美观和实用。

4. 创造各种艺术造型

要使观赏树木像树桩盆景一样造型多姿、形体多娇，具有"虽有人作，宛自天开"的意境，创造引人入胜的景观，取得步移景换的效果，或者想获得各种造型，都可通过整形修剪来完成。

通过整形修剪还可以把树冠培养成符合特定要求的形态，使之成为具有一定冠形和姿态的观赏树形。花灌木虽然没有明显的主干，但可以通过修剪协调形体的大小，创造各种艺术造型。在自然式的庭园中讲究树木的自然姿态，崇尚自然的意境，常用修剪的方法来保持"枝干虬曲，苍劲如画"的天然效果。在规则式的庭园中，常将一些树木修剪成尖塔形、圆球形、几何形，以便与园林形式协调一致。

5. 可收获较多的鲜花或果实

人们向往春华秋实等季相的变化。通过整形修剪来调节树体内的营养，使其合理分配，防止徒长，使养分集中供给顶芽、叶芽，促进其分化成花芽以形成更多花枝、果枝，提高花、果产量，使观花植物能生产更多的鲜切花，使芳香花卉生产更多的香料，使观果树木结出更多的果实，创造花开满树、香飘四溢、果实累累、挂满枝头的喜人景象。

6. 促使观赏树体的健康生长

整形修剪可使树冠各层枝叶获得充分的阳光和新鲜的空气。正确的整形修剪既可保持树体均衡，又可防止风倒和雪压。疏去过密的花果，可减少树体养分的消耗。剪去病虫危害的枝叶，并予以烧毁，可防止病虫蔓延，保持园子的清洁，可使花木、果树更加健壮，促使观赏价值大的枯老树复壮更新。对老树进行强修剪，剪去树冠上全部侧枝，或把主枝也分次锯掉，皮层内的隐芽就会受到刺激而萌发新枝条，再从中选留粗壮的新枝代替原来的老枝，从而形成新的树冠，形成具有活力的复壮树木植株，又因为老树具有很深的根和很广的根系，可为新植株提供充足的水分和营养，使树木的寿命大大延长。

第二章

观赏花木的形态特征

熟悉观赏花木的形态特征和各部位的名称，是正确掌握修剪知识和处理好各个修剪环节的基础。

一、观赏花木的整体形态

1. 乔木

乔木是指整体高大，主干明显而直立，一般均在 3 米以上的一类树木，有大乔木（高 20 米以上）、中乔木（高 10～20 米）和小乔木（高 3～10 米）之分。

2. 灌木

灌木是指整体低矮（3 米以下），没有明显的主干自地面长出，呈直立、拱垂、匍匐等丛生状的一类树木。

3. 藤本

枝干虽然很长，但不能直立，是靠主枝或变态器官缠绕或攀缘他物而向上生长的木本植物，称为藤本，有缠绕和攀缘两大类型（图 2-1）。

二、观赏花木的主干、 树冠

1. 主干

乔木地上部分的主干，上承树冠，下接树木的根系。主干通常由枝下高和中心主枝两部分组成。从地面至最低的第一分枝处称为枝下高；第一分枝处以上的主干部分，称为中心主枝，又叫中央领导枝（图 2-2）。

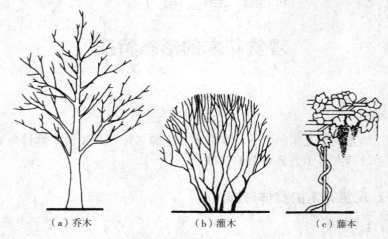

（a）乔木　　　　　（b）灌木　　　　　（c）藤本

图 2-1　不同花木的整体形态

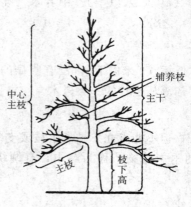

图 2-2　干、枝的关系

2. 树冠

在主干四周着生的所有主枝、侧枝、小侧枝和树叶等统称树冠。树冠的类型有棕榈形、尖塔形、卵形、窄卵形、圆柱形、圆球形、扁球形、平顶形、杯状等（图 2-3）。

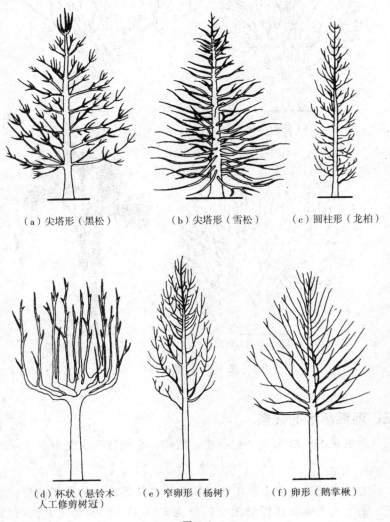

（a）尖塔形（黑松）　　　（b）尖塔形（雪松）　　　（c）圆柱形（龙柏）

（d）杯状（悬铃木　　　（e）窄卵形（杨树）　　　（f）卵形（鹅掌楸）
　　人工修剪树冠）

图 2-3

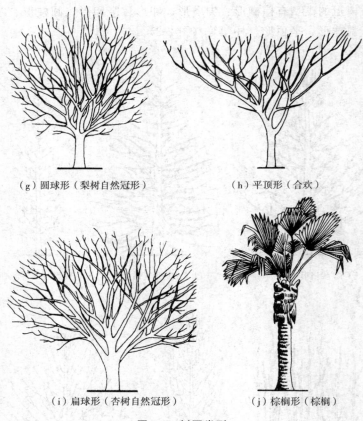

（g）圆球形（梨树自然冠形）　　　　（h）平顶形（合欢）

（i）扁球形（杏树自然冠形）　　　　（j）棕榈形（棕榈）

图 2-3　树冠类型

三、观赏花木的枝条

观赏花木的枝条主要有主枝、侧枝、小侧枝三大类型。

1. 主枝

主枝是指从主干上生出的比较粗壮的枝条，它构成了树形的骨架。主干上离地面最近处生出的枝为第一主枝，依次向上为第二、第三主枝。

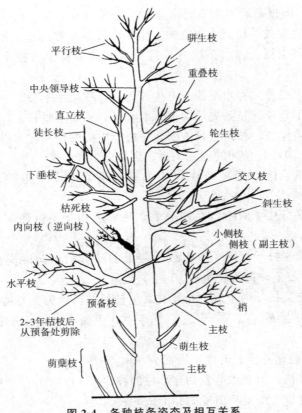

平行枝
骈生枝
中央领导枝
重叠枝
直立枝
徒长枝
轮生枝
下垂枝
交叉枝
斜生枝
枯死枝
内向枝（逆向枝）
小侧枝
侧枝（副主枝）
水平枝
梢
预备枝
2~3年枯枝后
从预备处剪除
主枝
萌生枝
萌蘖枝
主枝

图 2-4　各种枝条姿态及相互关系

2. 侧枝

侧枝是指着生于主枝上的枝条，从主枝的基部最下方生出的侧枝称为第一侧枝，依次向上为第二、第三侧枝。

3. 小侧枝

小侧枝是指从侧枝上生出的小枝，是观花、观果的主要部位。

4. 枝条的不同分类

因枝条的姿态、相互关系、萌芽时期、性质用途不同，又可进行不同的分类。

（1）因枝条的姿态不同而分（图2-4）

① 直立枝　树冠中直立向上生长的枝条，称为直立枝。

② 斜生枝　和水平线有一定角度而向上斜生的枝条，称为斜生枝。

③ 水平枝　在水平线方向生长的枝，称为水平枝。

④ 下垂枝　枝条先端向下垂的枝条，称为下垂枝。

⑤ 内向枝　枝条生长方向伸向树冠中心的枝，称为内向枝。

（2）因各枝条间的相互关系不同而分（图2-4）

① 重叠枝　两枝条在同一个垂直平面内上下重叠，称为重叠枝。

② 平行枝　两枝条在同一个水平面上相互平行伸展，称为平行枝。

③ 轮生枝　自同一节上或很接近的地方长出向四周放射状伸展的几个枝条，称为轮生枝。

④ 交叉枝　两个以上相互交叉生长的枝，称为交叉枝。

⑤ 骈生枝　从一个节或一个芽中并生两个枝或多个枝，称为骈生枝。

（3）因萌芽生长时期不同而分

① 春梢　由春季萌发的芽形成的枝。

② 夏梢　由夏季萌发的芽形成的枝。

③ 秋梢　由秋季萌发的芽形成的枝。

④ 一次枝　第一次由芽发育而形成的枝。

⑤ 二次枝　在一次枝上由芽发育而形成的枝。

（4）因枝的性质不同而分（图2-5）

① 生长枝　当年生长后不开花结果，直到秋冬也无花芽或混合芽的枝。

② 徒长枝　此枝生长特旺，又粗又壮，节间长，芽较小，因含水分多而组织较松，且直立生长。

③ 花果枝　生长较慢，组织充实，同化物质积累多，其上一部分芽变成混合芽或花芽。在当年第二次生长期，或者翌年能从混

合芽或花芽中抽生开花枝或结果枝。

④ 结果枝　能直接开花结果的枝。

⑤ 一年生结果枝　结果枝从结果母枝发生，并在新梢时期就开花结果的枝。

⑥ 两年生结果枝　在上年生枝上直接开花结果的枝（梅、桃、杏）。

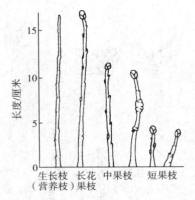

图 2-5　不同性质分枝

⑦ 更新枝　是指生长极度衰弱的花果枝或老枝，以及打算剪除并让其重新发出新枝的枝条。

⑧ 更新母枝　从选定的母枝上留 2～3 枚芽而短剪的枝。

⑨ 辅养枝　能对树体起辅助营养作用的非骨干枝条。

四、观赏花木的芽

如图 2-6 所示。

1. 按芽的性质不同分

（1）叶芽　指芽萌发后，只生成枝叶的芽。此芽外形细瘦，先端尖，鳞片也较狭。

（2）花芽　指芽萌发后，即开花的芽。如桃、梅、蜡梅等花木上的花芽。

（3）混合芽　芽萌发后，先抽新梢，在新梢上生芽开花，如柑橘、海棠、紫薇等花木上的芽。

（4）中间芽　短枝顶上所生的叶芽的特殊名称。

（5）盲芽　春、秋两季之间顶芽暂时停止生长时所留下的痕迹。

2. 按芽的位置不同分

（1）顶芽　着生在枝条顶端的芽。如山茶、牡丹、月季、扶桑

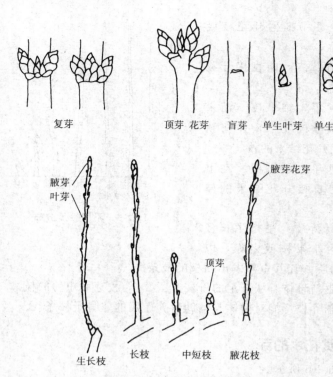

图 2-6　不同性质、位置的芽

等花木的花芽都是由顶芽分化而成，因此这类花木在顶芽形成后不进行短截，而宜在花后短截。

（2）腋芽　着生在叶腋的芽称为腋芽。如桃花、白兰花、桂花、茉莉、迎春、蜡梅等的花芽由腋芽分化而成，故可对腋芽萌发长出的枝条在其加长生长时进行短截或摘心。

（3）定芽　指在枝条上具有固定位置的芽。

（4）不定芽　指在枝条上着生无一定位置的芽。

（5）主芽　着生在叶腋中间充实的芽称为主芽。

（6）副芽　指着生在叶腋中主芽外侧的芽，或重叠在主芽上下方的芽。常潜伏为隐芽，当主芽受损时，则能萌发。

3. 按芽的数目不同分

（1）单芽 一个节上只生一个肥胖芽。

（2）复芽 一个节上生有两个以上的芽。

4. 按芽的萌发情况不同分

（1）活动芽 在萌发期能及时萌动的芽。

（2）隐芽 也叫休眠芽，指在萌发期潜伏不动，需等待机会才能萌发的一部分副芽。

第三章

观赏花木整形修剪的基本原理

一、与生态环境条件相统一的原理

观赏树木和其他生物一样，在自然界中总是不断地协调自身各个器官的相互关系，维持彼此间的平衡生长，以求得在自然界中继续生存。例如，孤植树木由于树体受到的阳光充足，因而形成塔形或球形树冠，即树干上最早形成的第一轮侧枝，生长较旺盛，表现得既粗又高。而树林或树群中的树体，接受上方光照较多，树体显著向上拔高，处于第一至第二轮的枝条，因光照不足而生长较弱，严重时自行枯萎，成为天然整枝（图3-1）。处于树冠中的第三轮枝

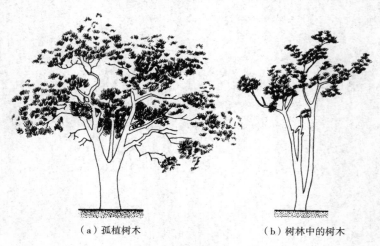

（a）孤植树木　　　　　　　　（b）树林中的树木

图3-1　树形

条，生长势最强，成为树冠的最下层。这样上部树冠与整个树高之间，就出现不同的比例。因此，保留一定的树冠、及时调整有效叶片的数量，从而维持高粗生长的比例关系，就可以培养出良好的冠形与干形。如果剪去树冠下部的若干无效枝，相对集中养分，可加速高度生长。

二、观赏树木分枝规律的原理

观赏树木在长期的进化过程中形成了一定的分枝规律，一般有主轴分枝、合轴分枝、假二叉分枝、多歧分枝等类型（图3-2）。

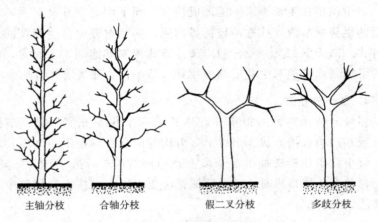

主轴分枝　　合轴分枝　　　假二叉分枝　　　多歧分枝

图 3-2　树木分枝类型

1. 主轴分枝式（总状分枝）

主轴分枝式的树木如雪松、龙柏、水杉、池杉、杨树等，其顶端优势极强，长势旺，每年继续向上生长，易形成高大通直的树干。观赏树冠不宜紧抱，也不宜松散，易形成多数竞争枝，降低观赏价值。这类树木修剪时要控制侧枝，促进主枝。

2. 合轴分枝式（假轴分枝）

合轴分枝式树木的新梢在生长期末因顶端分生组织生长缓慢，顶芽瘦小不充实，到冬季干枯死亡；有的枝顶形成花芽而不能向上生长，被顶端下部的侧芽取而代之，继续上长。这种每年都由侧芽抽枝逐渐合成主枝的分枝方式称为合轴分枝。合轴分枝式树木如放任自然生长，往往在顶梢上部有几个势力相近的侧枝同时生长，形成多叉树干，不美观。对此可采用摘除顶端优势的方法或将一年生的顶枝短截，剪口留壮芽，同时疏去剪口下 3～4 个侧枝。而花果类树木，应扩大树冠，增加花果枝数目，促使树冠内外开花结果。幼树时，应培养中心主枝，合理选择和安排各侧枝，以达到骨干枝明显、花果满树的目的。这类树木有悬铃木、柳树、榉树、桃等。

3. 假二叉分枝式（二歧分枝）

树干顶梢在生长季末不能形成顶芽，而下面的侧芽又对生，在以后的生长季节内，往往两枝优势均衡，向相对方向分生侧枝的生长方式，即为假二叉分枝。假二叉分枝式树木如泡桐、丁香等，修剪时可用剥除枝顶对生芽中的一枚芽，留一枚壮芽来培养干高。

4. 多歧分枝式

多歧分枝式树种的顶梢芽在生长季末生长不充实、侧芽节间短，或在顶梢直接形成 3 个以上势力均等的顶芽，在下一个生长季节，每个枝条顶梢又抽出 3 个以上新梢同时生长，致使树干低矮。这类树种在幼树整形时，可采用抹芽法或用短截主枝重新培养中心主枝法培养树型。

直立枝与中央领导枝的角度不同，其开花数量与结果多少也不同。直立枝与中央领导枝的角度小，则生长势强，形成的花芽少、结果少；角度大，则生长势弱，形成的花芽多、结果就多；下垂枝与中央领导枝之间的角度宜适中（如 120°）（图 3-3）。

三、顶端优势的原理

由于在养分竞争中顶芽处于优势，所以树木顶芽萌发的枝在生长上也总是占有优势。当剪去一枚顶芽时，即可促使靠近顶芽的一些腋芽萌发；除去一个枝端，则可获得一大批生长中庸的侧枝，从而使代谢功能增强，生长速度加快，有利于花果形成，可达到控制

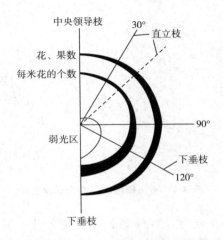

图 3-3 直立枝和下垂枝与中央领导枝的角度

注：图中黑弧线越粗表示每米长枝条上的花数越多，枝条上的果实数越多。

树形、促进生长、花开满树、果实累累的目的。

针叶树顶端优势较强，可对中心主枝附近的竞争枝进行短截，削弱其生长势，从而保证中心主枝顶端优势地位。如果培养球形或特殊的矮化树形时，即采用剪除中心主枝的办法，使主枝顶端优势转移到侧枝上去，可创造各种矮化的树形或球形树。

阔叶树的顶端优势较弱，因此常形成圆球形的树冠。为此可采取短截、疏枝、回缩等方法，调整主侧枝的关系，以达到促进树高生长、扩大树冠、促进多发中庸枝、培养主体结构良好树形的目的。

幼树的顶端优势比老树、弱树明显，所以幼树应轻剪，促使树木快速成形；老树、弱树的修剪，则宜以重剪为主，以促进发新枝，增强树势。

枝条着生愈高，优势愈强，修剪时要注意将中心主枝附近的侧枝短截、疏剪，以此来缓和侧枝势力，保证主枝优势地位。内向枝、直立枝的优势强于外向枝、水平枝和下垂枝，所以修剪中常将内向枝、直立枝重剪到瘦芽处。将其他枝通常改造为侧枝、生长枝或辅养枝（图 3-4）。

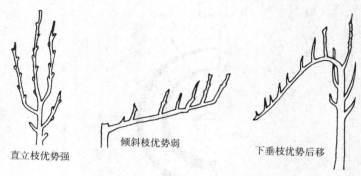

直立枝优势强　　倾斜枝优势弱　　下垂枝优势后移

图 3-4　不同枝形的顶端生长优势

剪口芽如果是壮芽，则优势强；若是弱芽，则优势较弱。因此，幼树在正常的整形修剪中，为了迅速扩大树冠，剪口下一定要留壮芽；如要控制竞争枝，则剪口处应留弱芽，即可产生中庸枝，起到平衡树势或培养结果枝作用。

四、光能利用的原理

观赏花木的叶绿素可吸收光能，将二氧化碳和水制造成有机物，释放出氧气，同时把光能转变成化学能，贮藏在有机物里。

观赏花木的干物质主要是通过树叶的光合作用而形成的。要增强光合作用，就必须扩大叶面积。而剪去枝条顶端，使下部多数半饱芽得到萌发，分散枝条上的生长势，使之形成较多的中、短枝，就可增加叶片数量，从而提高光合效率。树叶在进行光合作用积累营养物质的同时，也要进行呼吸作用而消耗营养。在树冠内部、树林、树丛中的很多枝叶又相互影响着光照条件，其受光量自外向内逐渐减少。因此，通过修剪来调整树体结构，改变有效叶幕层的位置，可提高整体的光能利用率（图 3-5、图 3-6）。

五、树体内营养分配与积累的规律

树体内的液流流动具有一定的规律：一是由下而上的液流，即由根部吸收水分、矿物质元素和根部自己合成的各种有机物，从木

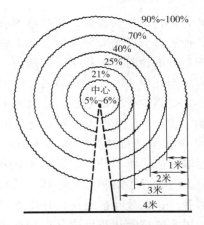

图 3-5　树冠各部光照受光量

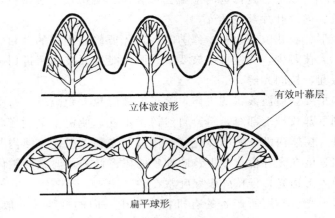

图 3-6　不同树体结构的有效叶幕层大小

质部的导管向上升至地上部分，直达叶子；二是由上而下的液流，即树叶在阳光下合成的糖类和其他有机物，经树干、树枝的韧皮部筛管向下运往根部或植物的其他部分，如茎的生长点和果实的贮藏器官。

树叶光合作用合成的养分，一部分直接运往根部，供根的呼吸消耗；剩余的大部分转化成氨基酸、激素，然后再随上升的液流流向当时的生长中心，供枝叶生长需要。通过修剪有计划地将树体营养进行重新分配，使过分分散的养分集中起来，重点供给某个生长中心。如培养主干高直的树时，可将生长前期的大部分侧枝进行短截，以破坏它原有的消耗中心，改变营养液运输方向，使营养供给主干顶端生长中心，促进主干的高生长，达到主干高直的目的。

花果树大多数在 7～8 月份进入花芽分化阶段，这时生长中心转到中短枝上，可对旺枝进行短剪、摘心或剪梢，使旺枝暂停生长，改变养分的运输方向，将养分分散供给各个中短枝。

树木的叶片分为有效叶幕层和无效叶幕层。有效叶幕层在光补偿点以上，可积累养分；无效叶幕层在光补偿点以下，只能消耗养分。通过修剪，使树木的枝叶和花果均分布在有效叶幕层内，以积累养分。所以冬、夏修剪时应疏去重叠枝、交错枝、过密枝，使树冠疏透、内外叶片都能透光。

观形、观花、观果树木修剪时，首先要确定主枝的数目。一般主枝、大枝要少，侧枝、小枝要多。阳光能从大枝间照进树冠，以保证层间、枝间光照。

如果要创造波浪状的主体，除了大枝间拉大距离外，每个主枝要做到下部长、上部短，符合自然树木本性，使树木呈尖塔状，阳光能进入树体内部，树体能充分利用直射光和散射光，使内膛叶片的光照强度在光补偿点以上；圆球状的树形修剪，要减少膛内枯弱枝，使内部透光，保持外表绿叶常在。

树木光合作用所产生的有机物有集中去向的规律。一般来说，年龄幼小、生长旺盛的器官，如树木的新生枝，高位、直立的新枝往往都是同化产物的输入中心。如果要加强主枝生长，就必须保持主枝输入中心地位，可通过短截上面的侧枝，限制侧枝顶端无效枝的产生，促使未去顶的主枝成为输入中心，以大大加速其生长速度来达到目的。反之，对于中、下部的短枝，在生长季节进行摘心或短截顶端，控制其生长，限制顶端无效枝的发生，使营养液的大部分向下部的短枝运输，促使其成为输入中心，分化大量花芽，增加花果数量（图 3-7）。

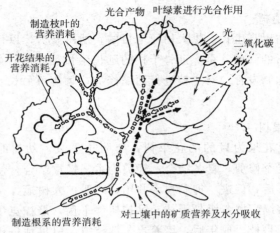

图 3-7　树木营养液的运输方向

六、生长与发育规律

　　观赏花木都有其生长发育的规律，即年周期和生命周期的变化。整形修剪可调节树木的生长与发育的关系，把有限的养分利用到必要的生长点或发育枝上去（图3-8）。

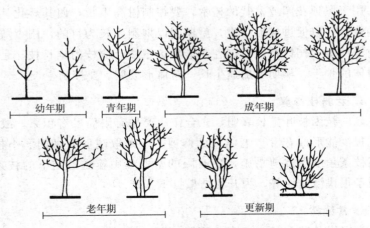

图 3-8　花木生长发育图示

1. 行道树

行道树以高生长、扩大树冠为目的。幼树修剪，以促进旺长为主；成形后的修剪，是保证骨干枝的延长生长；成形后重剪，可促进生长、抑制发育。对主枝进行回缩修剪，每年可另长新枝，扩大树冠。

2. 花果树

以观赏花果为目的的花果树，要防止早衰。幼树时，促进修剪，重视夏季修剪，夏冬结合，轻剪为主，轻重结合，使树冠早日成形；成形后，促进、抑制技术并用，既要扩大树冠，又要形成花果，也要继续配置各级骨干枝，维护树势平衡，严控竞争枝、扰乱枝，培养花果枝。成年后，培养永久性枝组，留足预备枝，使其交替开花结果。衰老树，在促进根系生长的基础上，更新大枝或截干更新。枝条在入夏前即停止生长，为使养分不消耗在顶端生长上，此时可摘心、剪梢，使延长枝停止生长，以改变营养物质的运输方向，不断输入中、短枝上，有利于中、短枝花芽分化，达到花多果多的目的。

3. 屋顶花园或盆栽用树

用于屋顶花园或盆栽的树木，要控制树高生长，使其矮化。前期的修剪，以促进成形为主，后期则以抑制生长为目的，用重剪可使树干产生大伤口，以促进苍老形象。主枝、侧枝的延长枝，是形成树体的骨干，早期要加速生长，树体形成后，要控制生长。

4. 老弱枝修剪

老弱枝因枝叶生长衰弱，光合作用产量有限而没有积累，故不能或很少能形成花芽。老弱枝的修剪，应采取疏剪大量的弱小枝，抬高枝条角度的重剪措施，使有限的营养集中输送给留下的枝条，以利于很快恢复树势，为开花结果打下基础。

5. 常绿树

常绿树的芽和枝在一年中的各个季节里都有其特有的生长规

律，修剪时期及修剪强度也各有不同，详见图 3-9 所示。

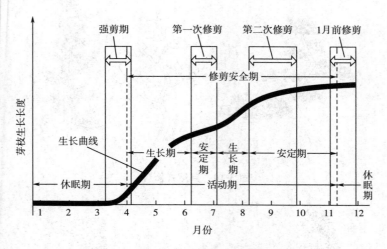

图 3-9　常绿树的芽、枝修剪时期和修剪强度

七、美学原理

树木在外界自然环境因子的影响下，经过长期自然选择才能筛选出美丽的自然造型。而通过人工修剪，不仅可在短时间内创造各种自然造型，还可以根据人们的性格和美化环境的需要来创造各种自然形或规则的几何形。

人工修剪在造型上要讲究艺术构图的基本原则，如在统一的基础上寻求灵活的变化，在调和的基础上创造对比的活力，使树木景观富有韵律与节奏，使用正确的比例、尺度，讲究造景的均衡与稳定，产生丰富的比拟、联想等。

1. 统一与变化

观赏树木是用来绿化点缀园林空间的，其造型要与环境和谐统一，或能烘托主要内容，以达到环境美的效果。如在自然的山水园中要采用自然式修剪（图 3-10），在规则的建筑前要采用几何形的规则式修剪（图 3-11）。

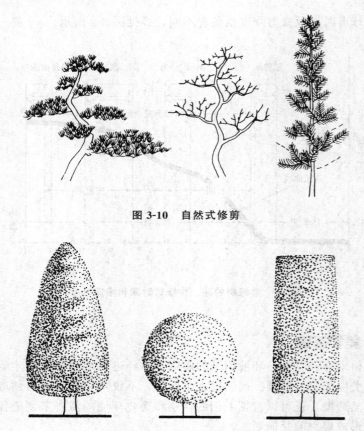

图 3-10　自然式修剪

图 3-11　规则式修剪

2. 调和与对比

不同的观赏树木有其不同的自然形象，不同的环境空间也有其形状和大小的差异。一般来说，修剪成球形的树木放在方形台上，形象对比较强；放在圆形台上，形象对比调和。如强调对比的环境，就采用对比的手法进行修剪；如强调调和的环境，就采用调和的手法进行修剪。

3. 韵律与节奏

通过观赏树木的整形修剪可创造无声的音乐，使其具有韵律与节奏的变化。如：上下球状枝的修剪就是具有简单韵律的表现，再如：上下、前后、大小形体枝叶组的高低、轻重、长短组合匀称，上下间歇穿插，在一定的地位或位置上反复出现，便形成了具有音乐性的韵律和节奏感（图3-12）。

4. 比例与尺度

观赏树木的形状、大小与环境空间存在着长、宽、高的大小

图 3-12 蜀桧整形修剪的
韵律和节奏变化

关系，即为比例。观赏树木因本身宽与高的不同比例而能给人以不同的感受（表3-1），可根据不同目的，采用相应的宽高比例。

表 3-1 观赏树木不同的宽高之比给人不同的感受

观赏树木的宽：高	给人的感受
1：1	端正感
1：1.618（黄金比）	稳健感
1：1.414	豪华感
1：1.732	轻快感
1：2	俊俏感
1：2.36	向上感

尺度是指常见的某些特定标准之间的大小关系，大空间里的观赏树木，修剪时要保持较大的尺度，使其有雄伟壮观之感。在小于习惯的空间里，树木的修剪要保持较小的尺度，使其有亲切之感。

在与习惯同等大小的空间里，修剪的观赏树体尺度要适中，使其有舒适之感（图 3-13）。

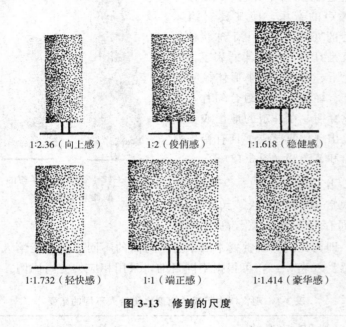

1:2.36（向上感）   1:2（俊俏感）   1:1.618（稳健感）

1:1.732（轻快感）   1:1（端正感）   1:1.414（豪华感）

图 3-13　修剪的尺度

5. 均衡与稳定

均衡与稳定的整形修剪形成的造型，会给人们带来安定感和自然活泼的微妙力量。被整形修剪的观赏树木，要给人留下均衡、稳定的感受，必须在整形修剪时保持明显的均衡中心，使各方都受此均衡中心所控制。如要创造对称均衡就要有明确的中轴线，各枝条在轴线两边完全对称布置。如是不对称均衡，就没有明显的轴线，各枝条在主干上自然分布，但在无形的轴线两边要求平衡（图 3-14）。

稳定是说明观赏树木本身上下或两株树相对的关系，它是受地心引力控制的。从体量上看，上大下小给人以不稳定感；从质感上看，上方细致修剪、下方粗犷修剪就显得稳定。

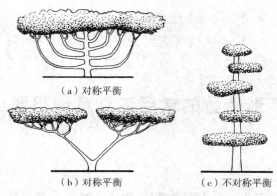

（a）对称平衡

（b）对称平衡

（c）不对称平衡

图 3-14　修剪中的均衡

6. 比拟与联想

比拟与联想是中国的传统艺术手法，包括拟人、拟物两种。若将观赏树木修剪成古老的自然形，会给人们带来古雅之感；修剪成各种建筑、雕塑、动物等几何体，就可以创造比拟的形象（图 3-15）。这在树桩盆景中应用更多。

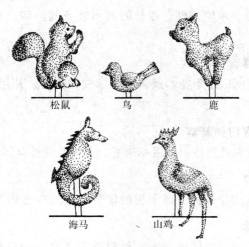

松鼠　　　鸟　　　鹿

海马　　　山鸡

图 3-15　修剪中创造比拟的形象

27

第四章

整形修剪的常用工具及使用要点

　　"工欲善其事，必先利其器"。由于观赏花木种类繁多，树形多样，功能各异，因此在进行整形修剪时需根据不同情况，正确使用适宜的工具，以达到事半功倍之效。现将花木整形修剪的常用工具及使用要点简介如下：

一、剪刀

1. 桑剪

　　桑剪适用于木质坚硬、粗壮的树木枝条的修剪。切粗枝时应稍加回转。

2. 圆口弹簧剪

　　圆口弹簧剪适用于花木及果类树木枝的修剪。使用方法如图 4-1 所示。

3. 小型直口弹簧剪

　　小型直口弹簧剪适用于夏季摘心、剪梢及树桩盆景小枝的修剪。

4. 长刃剪

　　长刃剪适用于绿篱、球形树的修剪。使用方法如图 4-2 所示。

5. 高枝剪

　　高枝剪适用于庭园孤立木、行道树等高干树的修剪。用高枝剪修剪较高处的枝条，可免于登高作业（图 4-3）。

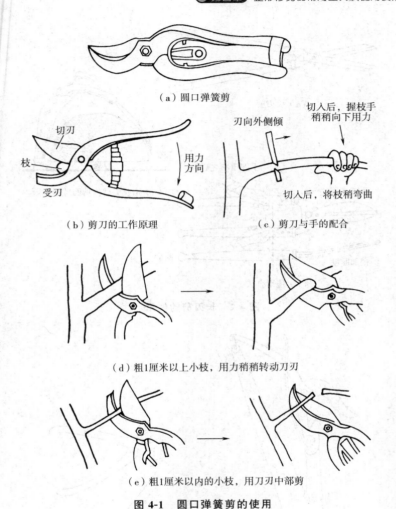

（a）圆口弹簧剪

切刃

枝

受刃

刃向外侧倾

用力方向

切入后，握枝手稍稍向下用力

切入后，将枝稍弯曲

（b）剪刀的工作原理

（c）剪刀与手的配合

（d）粗1厘米以上小枝，用力稍稍转动刀刃

（e）粗1厘米以内的小枝，用刀刃中部剪

图4-1　圆口弹簧剪的使用

6. 残枝剪

残枝剪的刀刃在外侧，可从基部剪掉残枝，且切口整齐，不会留下残桩。使用时，刀间的螺丝钉不要旋得太紧或太松，否则影响工作。一次修剪必须整齐干净，切口要小，树枝从中间掉下，不要留有毛糙切痕（图4-4）。

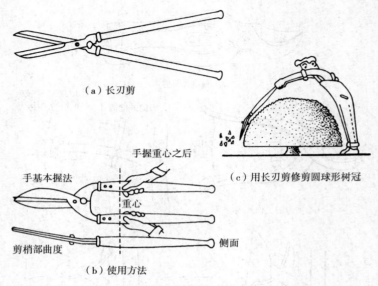

（a）长刃剪

手握重心之后

手基本握法

重心

剪梢部曲度

侧面

（b）使用方法

（c）用长刃剪修剪圆球形树冠

图 4-2　长刃剪的使用

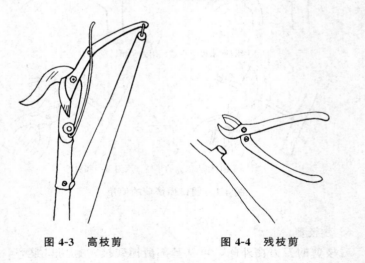

图 4-3　高枝剪　　　　图 4-4　残枝剪

7. 木剪和长把修枝剪

修剪 1 厘米以内的树枝时，用木剪和长把修枝剪较为适宜

30

（图 4-5）。

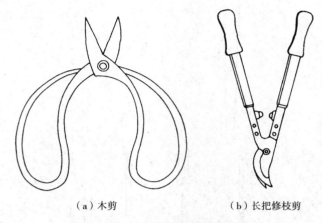

（a）木剪　　　　　　　（b）长把修枝剪

图 4-5　木剪和长把修枝剪

二、锯

锯子适用于锯截粗大枝或树干。使用时，一般左手握树枝，右手握锯，一口气锯下，如图 4-6 所示。锯的类型有手动锯和电动锯之分，还有折叠锯、竹锯、枝锯、砍打锯、高枝锯等。图 4-7 为部分锯的类型示意图，图 4-8 为高枝锯的使用示意图。

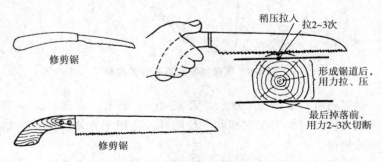

修剪锯

稍压拉入　拉2~3次

形成锯道后，用力拉、压

最后掉落前，用力2~3次切断

修剪锯

图 4-6　修剪锯及其使用

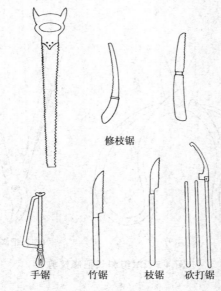

修枝锯

手锯　竹锯　枝锯　砍打锯

图 4-7　锯的类型

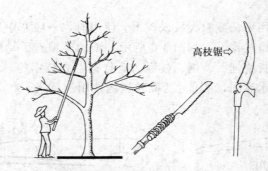

高枝锯⇨

图 4-8　高枝锯修剪高层次的树枝

　　手锯通常长 25～30 厘米，刃宽 4～5 厘米，齿细，锯条薄而硬，锯齿锐利，齿刃左右相间平行向外。适用于花木、果木、幼树枝条的修剪。

　　电动锯适用于较大枝条的快速锯截。锯的刃面锋锐，反弹性好，具有铿锵声音，则为好锯。

三、刀

适用于花木修剪的刻伤技术，也可在锯截大枝、修理伤口等时使用。刀的种类有芽接刀、电工刀、刃口锋刀等（图4-9）。

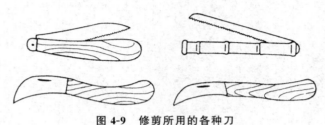

图 4-9　修剪所用的各种刀

四、其他工具

对花木进行整形修剪时，还需要梯子、绳索、铁丝、木桩等。

梯子，用于修剪高大树体的高位干、枝而需登高时。在使用前先要观察地面凹凸及软硬情况，以使梯子安放平稳，使得绳子两端到支点的长度相等，形成等腰三角形，保证工作人员的安全（图4-10）。

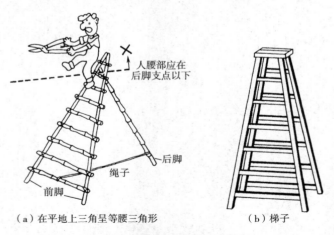

（a）在平地上三角呈等腰三角形　　　　（b）梯子

图 4-10　修剪梯子及其正确使用

　　以上剪刀、锯子、刀等金属工具在用过后，一定要用清水洗去污物，然后用干布擦净，并在刀轴部抹上油，放在干燥处保存。其他工具在使用前，也都要进行认真检查，以保证使用的安全。

第五章

观赏花木整形修剪的
原则、程序和时期

一、整形修剪的原则

1. 维护栽培目的

栽培观赏花木因目的不同，而对树体的修剪要求也不同。例如：以观花为主要目的的花木修剪，为了增加花量，应从幼苗开始即进行整形，以创造开心形的树冠，使树冠通风、透光；对高大的风景树修剪，要使树冠体态丰满美观、高大挺拔，可用强度修剪；对以形成绿篱、树墙为目的的树木修剪时，只要保持一定高度和宽度即可。

2. 区别对待不同类型的观赏花木

观赏花木种类繁多，习性各异，修剪时要区别对待。大多数针叶树，中心主枝优势较强，整形修剪时要控制中心主枝上端竞争枝的发生，扶助中心主枝加速生长。阔叶树，顶端优势较弱，修剪时应当短截中心主枝顶梢，培养剪口壮芽，以此重新形成优势，代替原来的中心主枝向上生长。

3. 根据树木分枝习性修剪

为了不使枝与枝之间互相重叠、纠缠，宜根据观赏花木的分枝习性进行修剪。如：主轴分枝习性，宜短截强壮侧枝，不让它形成双叉树形；合轴分枝习性，宜短截中心枝顶端，以逐段合成主干向上生长；假二叉分枝和多歧分枝习性，宜短截中心主枝，改造成合轴分枝，使主干逐段向上生长。

4. 根据花束年龄修剪

不同生长年龄的观赏花木应采取不同的整形修剪措施。幼树，宜轻剪各主枝，以求扩大树冠，快速成形。成年树，以平衡树势为主，要掌握壮枝轻剪，缓和树势；弱枝重剪，增强树势。衰老树，以复壮更新为目的，通常要重剪，以使保留芽得到更多的营养而萌发壮枝。

5. 根据树木生长势强弱修剪

生长旺盛的树木，修剪量宜轻。如修剪量过重，会造成枝条旺长、树冠密闭。衰老树宜适当重剪，使其逐步恢复树势。

二、整形修剪的程序

1. 观察环境，明确功能，确定修剪形态

首先要弄清被修剪花木的配置环境以及被修剪花木在这个环境中所要发挥的功能作用，然后根据功能的需要来确定树木的修剪形态。

2. 先剪大枝，后剪小枝

根据树形要求，决定需保留的大枝数，并明确它们在主干上的地位与间隔，然后把落选的大枝锯掉。修剪顺序为先剪上部枝，后剪下部枝；先剪膛内枝，后剪外围枝。

三、整形修剪的时期

观赏花木的生长发育是随着一年四季的变化而变化的。因此，根据整形要求进行修剪应正确掌握修剪的时间。

1. 春、秋季的修剪

春季为花木的生长期或开花期，体内贮存养分少，对花木本身来说处在养分消耗的时期，这时修剪易造成早衰，但能抑制树高生长。

秋季为养分贮存期，也是根活动期。秋季修剪，剪切口易出现腐烂现象，而且因植株无法进入休眠而导致树体弱小。

2. 冬季修剪

植株从秋末停止生长开始到翌年早春顶芽萌发前的修剪称为冬季修剪。冬季修剪不会损伤花木的元气，大多数观赏花木适宜冬季修剪。

（1）落叶树　每年深秋到翌年早春萌芽之前，是落叶花木的休眠期。冬末、早春时，树液开始流动，生育功能即将复苏，这时进行修剪伤口愈合快。如紫薇、一品红、月季、石榴、木芙蓉、扶桑等。

冬季修剪对落叶花木的树冠构成、枝梢生长、花果枝的形成等有重要影响。不同观赏花木的修剪要点是：幼树，以整形为主；成形观叶树，以控制侧枝生长、促进主枝生长旺盛为目的；成形花果树，则着重于培养树形的主干、主枝等骨干枝，促其早日成形，提前开花结果。

（2）常绿针叶树　在北方，常绿针叶树，从秋末新梢停止生长开始，到翌年春休眠芽萌动之前，为冬季整形修剪的时间。这时修剪，养分损失少，伤口愈合快。而在南方，热带亚热带地区干旱少雨时为树木的休眠期，长势普遍减弱，是修剪大枝的最佳时期，也是处理病虫枝的最好时期。

从常绿树的生长的一般规律来看，4～10月份为活动期，枝叶俱全，此时宜进行修剪。而11月至翌年3月为休眠期，耐寒性差，剪去枝叶有发生冻害的危险，所以不宜在冬季严寒季节修剪。由于常绿树的根与枝叶终年活动，新陈代谢不止，故叶内养分不完全用于贮藏，剪去枝叶的同时，也使树木养分受到损失，从而影响树木生长。通常在严冬季节已过的晚春，常绿树即将发芽萌动之前，进行修剪。

3. 夏季修剪

夏季是花木生长期，此时如枝叶茂盛而影响到树体内部通风和采光时，就需要进行夏季修剪。

对于冬春修剪易产生伤流不止、易引起病害的树种，应在夏季进行修剪。

春末夏初开花的灌木，在花期以后对花枝进行短截，可防止它们徒长，促进新的花芽分化，为翌年开花作准备。

夏季开花的花木，如木槿、木绣球、紫薇等，花后立即进行修剪，否则当年生新枝不能形成花芽，使翌年开花量减少。

常绿针叶树，宜在 6～7 月份生长期内进行夏季短截修剪，此时修剪还可获得嫩枝，将修剪掉的嫩枝用于扦插繁殖。

4. 随时修剪

花木、果树、行道树，为控制竞争枝，应随时修剪内膛枝、直立枝、细枝、病虫枝，控制徒长枝的发生和长势，使营养集中供给主要骨干枝使其旺盛生长。

绿篱的夏季修剪，既要保持其整齐美观，同时还可兼顾截取插穗。

常绿花木，如生长旺盛，应随时剪去生长过长的枝条，促使剪口下的叶芽萌发。

5. 花后修剪

春季开花的花木，其花芽是在上一年枝条上形成的，因此不宜在冬季休眠时修剪，也不宜在早春发芽前修剪，最好在开花后 1～2 周修剪，促使其萌发新梢，形成翌年的花枝，如梅花、桃花、迎春花等。

第六章

整形技艺和修剪技法

一、整形技艺

整形主要是为了保持整体树势的平衡，维持树冠上各级枝条之间的从属关系，使树木形态整体美观，达到观花、观叶、观果、观形等各种目的。

根据观赏花木依树体主干有无及中心干形态的不同，可分为主干形、开心形、丛状形、架形等几种类型。主干形（领导干形），具有一个明显直立的中央领导干，其上分布较多的主枝，形成高大的树冠。开心形，无明显中央领导干，由多个主枝构成明显的开心形树冠，一般适于干形弱、枝下垂的树种，其特点是各主枝层次不明显，树冠纵向生长弱，树冠小，透光条件好。丛状形，为干形弱、分枝力强的树种，一般有 4～5 个主枝，具有明显的水平层次，树冠形成快、体积大、结果早、寿命长，是短枝结果树木。架形，适用于蔓形树木，包括匍匐形、扇形、磴形、浅盘形等，有较短的斜形干（20～30 厘米）均匀地沿地面向外分布，主枝沿地面呈扇形生长。

观赏花木的整形宜从以下方面进行：

1. 保持恰当的树高

树高是决定树冠开花结果多少的重要因素。一般主枝多、中央领导干强，则体积大、树体高。

2. 留有恰当的主干高

一般来说，矮干树，冠内枝组多，寿命长，结果早；高干树，则反之。整形时，矮干树主干要粗，第一层主枝生长势要强，树冠较开展，横向生长；高干树，则反之（图6-1）。

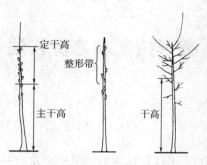

图 6-1　整形定干

3. 合理配置领导干

领导干的合理配置是决定树冠体积、树形和花果多少的关键。凡轮生或同层内一级枝数在 3 个以上时，会抑制中央领导干的生长，从而缩短寿命。如一级枝的排列稀疏，中央领导干与一级枝的粗度差异大，则中央领导干势力强、寿命长。中央领导干直立，而且顶部骨干枝势力强，则中央领导干寿命长。

4. 主枝的配置

适当增多主枝可增强树势，保证花多、果多。但是主枝过多也会导致树冠密集而影响通风透光，不利于开花结果。根据花木种类、生长环境及技术条件的不同对花木进行整形，可使主枝数量适当且分布协调。如多歧分枝类的树木，主枝轮生情况较多，而主轴分枝的尖塔形、圆锥形的观赏树木，因其主干上布满主枝，也常造成轮生状，形成"掐脖子"现象。对此，可根据树形要求，逐年剪去多余枝，每轮仅留2～3个向各方向延伸的枝。由于在切口处能阻碍上部养分的下行，因而造成切口上部的营养积累相对增多，使切口上部主干明显加粗，从而解决了"掐脖子"问题。

对合轴分枝形、圆锥形等树木来说，为了避免主干尖削度过大，保证树冠内通风、透光，主枝不但要有相当间隔，而且要随年龄增大而加大。如创造杯状形、自然开心形等树冠，可在一年内选定3个主枝。这样的三主枝间隔距离较小，会随着主枝的加粗生长几乎轮生在一起。其缺点是因主枝与主干结合不牢，易造成劈裂。三主枝也可用两年配齐，即第一年修剪时选2个有一定间隔的主枝，第二年再隔一定间距选出第三主枝，使三主枝间隔距离依次保持20厘米左右。这种配置结构较牢固，且随着树龄的增长，树冠内各层次间主枝的寿命、粗度、长度自下而上逐层减弱，各层主枝间生长势的差异也随层间、层内距离增大而缩小（图6-2）。

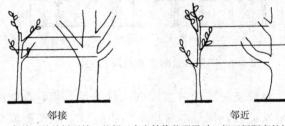

邻接　　　　　　　　　　　　　　邻近

邻接：从幼树开始，基部三个主枝修剪配置时，相互间距离较短
邻近：从幼树开始，基部三个主枝修剪配置时，相互间距离较长

图6-2　基部三主枝配置

二、修剪技法

观赏花木经过整形后，树冠枝条分布基本合理，在此基础上合理配置侧生枝使其充分利用空间，为继续维持和培养良好的树形必须进行修剪。通过修剪，可进一步调节营养物质的合理分配，抑制徒长，促进花芽分化，使幼树提早开花结果，延长盛花、盛果期，促使老树复壮。

1. 短剪（短截）

短剪就是将长枝剪短，也可以说是把一年生枝条剪去一部分，其目的是刺激剪口下的侧芽旺盛生长，使该树枝叶茂盛。根据剪去部分的多少，又有轻剪、中剪、重剪和极重剪之分（图6-3）。

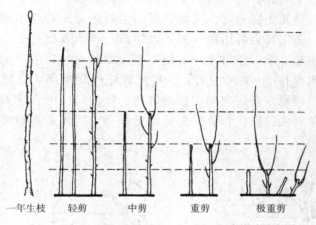

一年生枝　　轻剪　　　中剪　　　重剪　　　极重剪

图6-3　不同程度短剪新枝及其生长

（1）轻剪　将枝条的顶梢剪去，也可剪去顶大芽，以刺激下部多数半饱芽的萌发能力，促进产生更多的中短枝，以使形成更多的花芽。此法多用于花、果树上强壮枝的修剪。

（2）中剪　指剪口在枝条中部或中上部（1/2或1/3处）饱芽的上方。因为剪去了一段枝条，而使留芽上的养分相对增加，也使顶端优势转到这些芽上，刺激发枝。

（3）重剪　将枝条的3/4～2/3剪去，刺激作用大。由于剪口下的芽多为弱芽，此处除生长出1～2个旺盛的营养枝外，下部可形成短枝。适用于弱树、老树、老弱枝的更新。

（4）极重剪　是指在枝条基部轮痕处下剪，将枝条几乎全部剪除，或仅留2～3枚芽。由于剪口处的芽质量差，只能长出1～2个中、短枝。

重剪，对剪口芽的刺激越大，由它萌发出来的枝条就越壮。轻剪，对剪口芽的刺激越小，由它萌发出来的枝条就越弱。所以，对强枝要轻剪，对弱枝要重剪，以调整一、二年生长枝条的长势。

2. 疏剪（疏删、删剪）

将某些不需要的枝条从基部全部剪掉称为疏剪。它对剪口附近母枝上的腋芽没有明显的刺激作用，也不会增加母枝上的分枝数，只能使分枝数减少。疏剪主要是疏去膛内过密枝，以减少树冠内枝条的数量，调节枝条使之均匀分布，为树冠创造良好的通风、透光条件，减少病虫害，避免树冠内部光裸现象，减少全树芽数，防止新梢抽生过多而消耗过多营养，有利于花芽分化、开花、结果。

疏剪的对象有枯老枝、病虫枝、衰老下垂枝、竞争枝、徒长枝、根蘖条等。疏大枝、强枝和多年生枝，会削弱伤口以上枝的长势，有利于伤口以下枝条生长。如疏去轮生枝中的弱枝、密生枝中的小枝，对树体均极为有益。但疏剪枝条不宜过多，多了会减少树体总叶面积、削弱母树总生长势。为了使树木整体营养良好，幼树不宜疏枝过多（图6-4）。

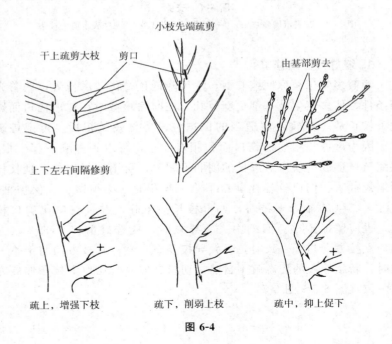

图 6-4

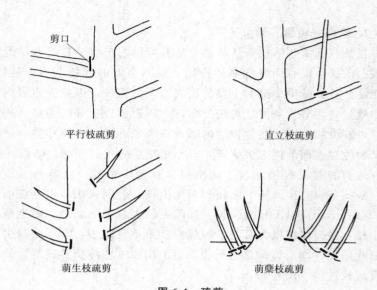

平行枝疏剪 　　　　　　　　直立枝疏剪

萌生枝疏剪 　　　　　　　　萌蘗枝疏剪

图 6-4　疏剪

图中"＋"表示增强枝条；"－"表示削弱枝条；"→"表示剪去枝条

3. 缩剪（回缩修剪）

短截多年生枝称回缩修剪。它可降低顶端优势的位置，改善光照条件，使多年生枝基部更新复壮。在回缩短截时往往因伤口而影响下枝长势，需暂时留适当的保护桩；待母枝长粗后，再把桩疏掉。因为母株长粗后的伤口面积相对缩小，可以不影响下部生根。回缩疏枝造成的伤口对母枝的削弱不明显，可不留保护桩。延长枝回缩短截时，伤口直径比剪口下第一枝粗时，必须留一段保护桩。疏除多年生的非骨干枝时，如母枝长势不旺，并且伤口比剪口枝大，也应留保护桩。回缩中央领导枝时，要选好剪口下的立枝方向，立枝方向与干一致时，新领导枝姿态自然；立枝方向与干不一致时，新领导枝的姿态就不自然。切口方向应与切口下枝条伸展方向一致（图 6-5～图 6-7）。

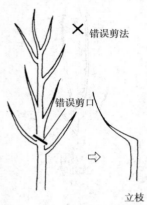

○ 修强留弱，减小高度

剪口

立枝

正确回缩修剪位置
立枝方向与干一致，姿态自然

✕ 错误剪法

错误剪口

立枝

不正确回缩修剪位置
立枝方向与干不一致，姿态不自然

图 6-5　回缩修剪的位置

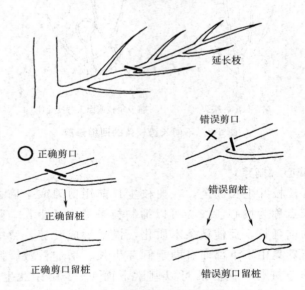

延长枝

错误剪口

○ 正确剪口

错误留桩

正确留桩

正确剪口留桩

错误剪口留桩

图 6-6　延长枝的回缩修剪

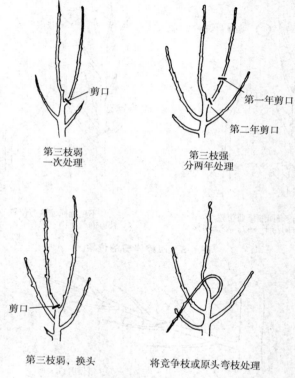

第三枝弱
一次处理

剪口

第三枝强
分两年处理

第一年剪口

第二年剪口

剪口

第三枝弱，换头

将竞争枝或原头弯枝处理

图 6-7　不同长势枝条的回缩修剪

4. 摘心（摘芽）

为了使枝叶生长健全，在树枝生长前用剪刀或手摘去当年新梢的生长点称为摘心。摘心可以抑制枝条的加长生长，防止新梢无限制向前延长，促使枝条木质化，提早形成叶芽，暂缓新梢生长，使营养集中于下部而有助于侧芽生长、增加枝数。摘心一般在生长季节进行，摘心后可以刺激下面 1～2 枚芽发生二次枝。早摘心枝条的腋芽多在立秋前后萌发二次枝，从而加快幼树树冠的形成。一般二次枝上不再进行摘心，以巩固二次枝的生长（图6-8）。

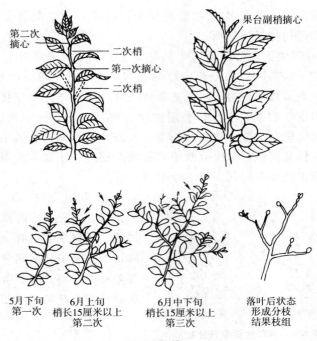

第二次摘心
二次梢
第一次摘心
二次梢
果台副梢摘心

5月下旬
第一次

6月上旬
梢长15厘米以上
第二次

6月中下旬
梢长15厘米以上
第三次

落叶后状态
形成分枝
结果枝组

图6-8　摘心

5. 除萌

在树木主干、主枝基部或大枝伤口附近常会生长出一些嫩枝，妨碍树形，影响主体树木的生长，将其剪除称为除萌。它既省工、省力，又减少树木本身养分的消耗，还有利于冠内通风透光。除萌宜在早春进行。

6. 合理处理辅养枝和竞争枝

（1）辅养枝　可充分利用树冠当中的空膛将辅养枝合理利用，以此增加叶片面积，相应地增多光合作用制造的同化养分，以便形成大量花芽，多开花结果。

（2）竞争枝　树体生长速度加快时，应削去竞争枝，以保持树势的平衡。如两个较大的侧枝从母枝上同时生出，平行向前生长时，应选留一个生长比较正常的枝条，剪掉另一个与其竞争的枝条，使局部树势保持平衡。

① 一年生竞争枝的处理 如果竞争枝的下邻枝弱小，可齐竞争枝基部一次剪除；如果竞争枝的下邻枝较强壮，可分两年剪除，第一年对竞争枝重短剪，抑制竞争枝长势，第二年待领导枝长粗后齐基部剪除。如果竞争枝长势超过原主枝，且竞争枝下邻枝弱小，可一次剪去较弱的原主枝头；如竞争枝长势旺，原主枝弱小，竞争枝的下邻枝又很强，则应分两年剪除原主枝头，让竞争枝当头，第一年对原主枝头重短剪，第二年进行疏剪。

② 多年生竞争枝的处理 指放任管理树木的修剪，如果花、果树木附近有一定的空间，可把竞争枝回缩修剪到下部侧枝处，使其减弱生长，形成花芽而开花结果（图6-9）。

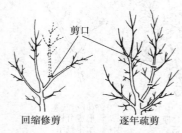

回缩修剪　　　逐年疏剪

图 6-9　多年生竞争枝处理

7. 换头

将较弱的中央领导枝锯掉，促使树冠中下部的侧芽萌发形成丰满的树冠，此法称为换头法。换头可防止树冠中空，压低开花结果部位，改变树冠外貌，增加观赏价值和结果量。

8. 大枝剪截

为了协调大树移栽时吸收和蒸发的关系、恢复老龄树的生长势、防治病虫害，要进行大枝剪截。大枝剪截后残留的分枝点向下部凸起，伤口小，易愈合。

回缩多年生大树时，除极弱枝外，一般都会引起徒长枝的萌生。为了防止徒长枝大量发生，可重短剪，以削弱其长势再回缩，同时剪口下留角度大的弱枝当头，有助于生长势的缓和。在生长季节随时抹掉枝背发出的芽，均可缓和其长势，减少徒长枝发生。大枝修剪后，会削弱伤口以上枝条的长势，增强伤口下枝条的长势，可采用多疏枝的方法，削弱树势或缓和上强下弱树型的枝条长势。直径在 10 厘米以内的大枝，可离主干 10～15 厘米处锯掉，再将留下的锯口由上而下稍倾斜削正。锯截直径 10 厘米以上的大枝时，应先从下方离主干 10 厘米处自下而上锯一浅伤口，再离此伤口 5 厘米处自上而下锯断大枝，然后在靠近树干处从上而下锯掉残桩，这样可避免锯到半途时因树枝自身的重量而撕裂造成伤口过大，不易愈合。为了避免雨水及细菌侵入伤口而糜烂，锯后还应用利刀将锯口修剪平整光滑，涂上消毒液或油性涂料（图 6-10）。

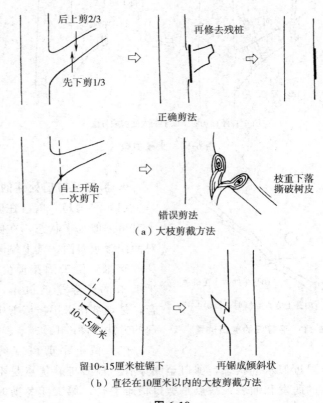

图 6-10

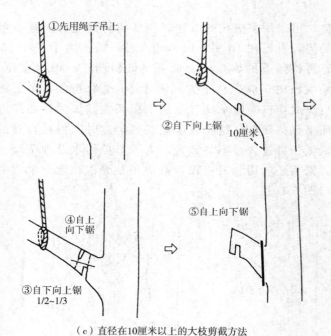

（c）直径在10厘米以上的大枝剪截方法

图 6-10　大枝剪截

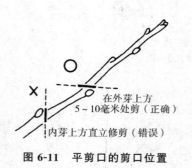

在外芽上方
5～10毫米处剪（正确）

内芽上方直立修剪（错误）

图 6-11　平剪口的剪口位置

9. 剪口及剪口处芽的处理

（1）平剪口　剪口在侧芽的上方呈近似水平状态，在侧芽的对面作缓倾斜面，其上端略高于芽5毫米，位于侧芽顶尖上方。平剪口的优点是剪口小，易愈合，是观赏花木小枝修剪中较合理的方法（图6-11）。

（2）留桩平剪口　剪口在侧芽上方呈近似水平状态，剪口至侧芽有一段残桩。优点是不影响剪口侧芽的萌发和伸展；缺点是剪口很难愈合。第二年冬剪时，应剪去残桩（图6-12、图6-13）。

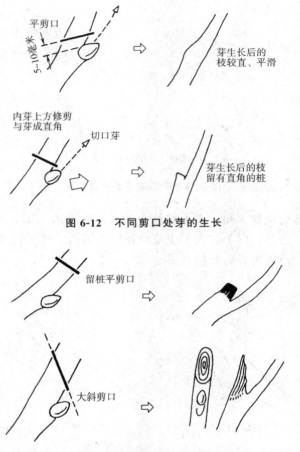

平剪口

5~10毫米

芽生长后的
枝较直、平滑

内芽上方修剪
与芽成直角

切口芽

芽生长后的枝
留有直角的桩

图 6-12 不同剪口处芽的生长

留桩平剪口

大斜剪口

图 6-13 留桩平剪口和大斜剪口的剪口方向

（3）大斜剪口 剪口倾斜过急，伤口过大，水分蒸发多，剪口芽的养分供应受阻，故能抑制剪口芽生长，促进下面一枚芽的生长（图 6-13）。

（4）大侧枝剪口 大侧枝的剪口如为平剪口，则容易凹进树干，影响愈合，故应使切口稍凸成馒头形，较利于愈合。剪口太靠近芽的修剪易造成芽的枯死；剪口太远离芽的修剪易形成枯桩（图 6-14）。

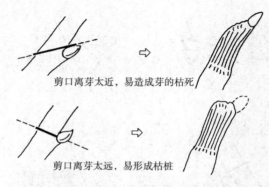

剪口离芽太近，易造成芽的枯死

剪口离芽太远，易形成枯桩

图 6-14　剪口与芽的位置关系

　　留芽的位置不同，未来新枝生长方向也各有不同，留上、下 2 枚芽时，会产生向上、向下生长的新枝；留内、外 2 枚芽时，会产生向内、向外生长的新枝（图 6-15）。

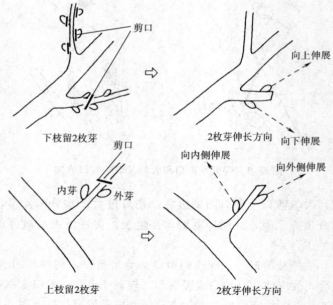

剪口

下枝留2枚芽

向上伸展

2枚芽伸长方向

向下伸展

剪口

内芽　外芽

向内侧伸展

向外侧伸展

上枝留2枚芽

2枚芽伸长方向

图 6-15　上下枝留芽的生长方向

10. 无用枝修剪

在各个修剪的过程中要注意剪去徒长枝、枯枝、萌生枝、萌蘖枝、轮生枝、内生枝（逆向枝、倒逆枝）、刁枝、平行枝、直立枝、中间枝等无用枝（图 6-16）。

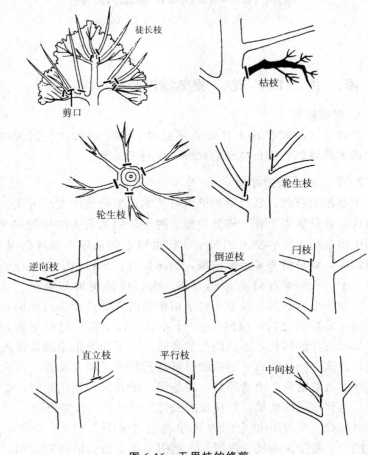

图 6-16　无用枝的修剪

第七章

观赏花木的特殊造型修剪

一、根、枝、叶、花、果的整形修剪

1. 根的修剪

特殊造型的观赏花木移栽或翻盆时，都要剪去过于粗大的树根。还要疏剪那些生长过密的须根，以利于成活。

2. 干、枝造型的修剪

干和枝的修剪，是对活树桩进行艺术造型修剪的重要方法。干的修剪，就是剪去不利于树桩造型的树干，例如剪去等长的双干和多干中多余的主干、交叉的树干、病虫树干和枯死不美观的树干。枝的修剪，就是剪去多余的枝条，如徒长枝、平行枝、交叉枝、病虫枝。干、枝的修剪对萌芽能力强、生长快的树种如榆树、九里香、雀梅等更为适用。其方法是采用短剪的方法，即将树桩的枝干培养到一定粗度之后，仅留1~2个小枝，以上部分进行短剪，以刺激长出粗壮的侧枝，形成曲折的风格。留下的枝干上面长出粗壮侧枝，待这个侧枝长到一定粗度时再进行短剪。以此类推，其主干便可产生疏散密聚、曲折苍劲、线条优美的效果。利用短剪法促使分枝，达到密聚的效果；利用疏剪法使大枝疏散，线条清晰。

用短剪、疏剪相结合的方法才能创造单干、直干、双干、斜干、卧干、曲干、垂枝、旗冠、古老树等优美可爱的树冠造型。有时对主干上一边有生长旺盛的新枝，而另一侧残存死枝、枯枝、光皮枝的枝条，可以不必剪掉，有助于整体造型（图7-1~图7-7）。

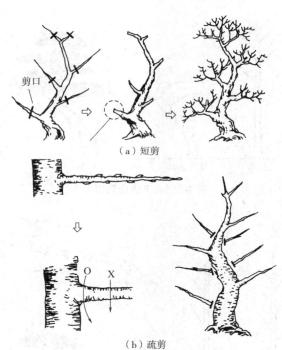

（a）短剪

（b）疏剪

图 7-1 干、枝造型修剪方法

注：将比较大的枝疏剪掉，不留短桩

X 表示第一次修剪；O 表示第二次修剪，经过 2 次修剪后，不留短桩

图 7-2 单干、直干式造型修剪

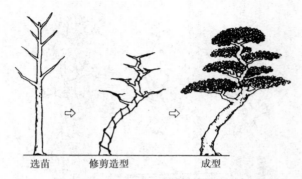

选苗　　　　修剪造型　　　　　成型

图 7-3　斜干式造型修剪

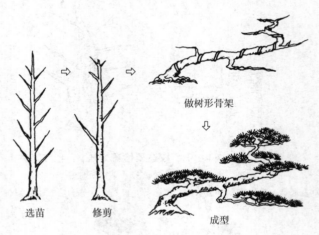

做树形骨架

选苗　　　　修剪　　　　　成型

图 7-4　卧干式造型修剪

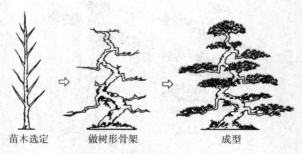

苗木选定　　　做树形骨架　　　　成型

图 7-5　曲干式造型修剪

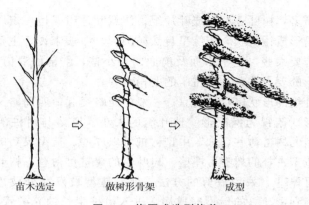

苗木选定　　　做树形骨架　　　成型

图 7-6　旗冠式造型修剪

图 7-7　垂枝式造型

3. 枝、叶造型的修剪

　　枝、叶修剪是形成活树桩造型的关键。叶的修剪，主要是指叶片组的修剪造型，叶片组的修剪与活树桩的整体造型关系极大。绑扎后的枝条上不断萌发出腋芽，待芽长到有 3～5 片叶时，在小枝的基部留 1～2 枚叶芽，上下进行剪短，经多次修剪后，主枝上小枝不断增多，树叶逐渐形成叶片组。注意叶片组保持一定厚度，中部略凸出形成馒头状，边缘呈自然椭圆形。一般来说，主干两侧的枝叶组合要大些，主干后面及前面的要小些，上部的要由大渐小。远离主干的要大些，靠近主干的要稍小些。

枝叶组的形状以扁圆为宜。一般中间略突起，四周略下倾，略呈馒头形，俯视为椭圆形。枝叶组的大小、厚薄与树桩的整体有关，小型的树桩薄些，大、中型树桩可以厚些。造型灵巧的树桩可薄些，造型古朴的树型可厚些。树叶小的树桩可薄些，树叶大的树桩枝叶可厚些。采用短剪的方法，促使造型枝发芽分枝，由小到大，由稀到密。总的造型完成后，进入树桩生长的养护管理时期，这时凡有超出枝叶组造型范围的枝叶应全部剪去（图 7-8）。

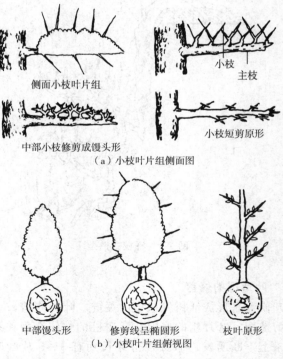

侧面小枝叶片组

小枝
主枝

中部小枝修剪成馒头形

小枝短剪原形

（a）小枝叶片组侧面图

中部馒头形　　　修剪线呈椭圆形　　　枝叶原形

（b）小枝叶片组俯视图

图 7-8　枝、叶造型修剪

4. 花的修剪

为了减少树桩的营养消耗，加强观赏性，顶芽开花的，如杜鹃花等应在花谢后摘除残花；枝端开花的，如紫薇等宜在开花以后剪去枝梢部的花枝。

5. 果的修剪

为了减少养分消耗，清除病虫害，对已受病虫危害和无观赏价值的果实一律剪去。

6. 因树修剪

（1）幼年树 要想使幼年树早日形成大树的姿态，可采用短剪法。通过短剪，可使幼年造型树木在一年内发枝两次以上，有利于增加分枝级数，并使每级枝序之间缩得很短，不致徒长。

（2）造型树 为了平衡营养生长与生殖生长，使其正常生长与开花结果，维持优美的造型，宜采用疏剪法，剪除秋梢、徒长枝、春夏梢。少量也可采用短剪法。

（3）老桩树 老桩树生长到一定程度的时候，其枯梢会逐渐增多，很难保持原来的造型。采用缩剪的手法，可恢复树势、调整造型。

二、绿篱和行道树的整形修剪

1. 绿篱修剪

绿篱是园林绿地周围应用绿色植物组成的有生命的、富有季相变化和田园气息的具有隔离和防范作用的活篱笆。它多为人工造型，因高度不同可分为矮篱（20～50厘米）、中篱（50～120厘米）、高篱（120～160厘米）和绿墙（160厘米以上）等。绿篱的整形修剪与枝芽萌发和新梢生长期同步进行，一般每年修剪4次左右。

（1）修剪季节 根据树种的不同，修剪的季节也不相同。

① 常绿阔叶树种 这类树种如珊瑚树、女贞、金心黄杨、瓜子黄杨等。

　　常绿阔叶树种整形修剪的关键时期是春梢萌芽期，宜在春梢生长期进行选枝促控，建造框架；在春梢生长旺盛时期进行全面整修。

　　夏梢生长前期继续整修，注意对强梢适当摘心，降低分枝部位。如果下部侧枝偏弱，也可在此时适当重截复壮，然后到夏梢生长末期（或秋梢生长期）进行全面整修。

　　秋梢生长前期剪法同夏梢生长期修剪，但在长江以北地区，对于喜温常绿阔叶树种，可以不留或少留秋梢或在秋梢生长后期尽早摘心，控制生长，以增强越冬防寒能力。

　　② 常绿针叶树种　　如侧柏、桧柏、蜀桧等。

　　a. 春季修剪　　春梢长势趋缓和而未停止生长时，将伸出树冠外围的枝梢缩剪到小分枝处，可使篱体外观能有一段较长的稳定时期。

　　b. 秋季修剪　　秋梢旺盛生长期间，对篱体进行全面整修，并适当短截强旺或偏弱枝梢，促其积累养分，为第二年增添分枝、复壮下部长势奠定基础。此次修剪时期，以长江中下游地区为例，应在10月底前结束，可使篱体在冬春季节保持整齐美观，且大小剪口也可在严寒到来前初步愈合。

　　③ 落叶阔叶树种　　包括花篱、果篱、刺篱等，均为枝叶稠密、花果艳丽的小乔木或花灌木。因其功能兼有分隔和观赏作用，所以在篱体外观方面，可以运用自然式整形修剪方法，使枝条分布均匀、长势匀称，确保通风透光，以利花枝和芽体的生长发育。相邻植株间不宜留有较大空隙，以防游人自由穿过，故花果篱通常采用单行密植或双行三角形栽植方式。整形修剪多在落叶后或发芽前进行。也可在萌芽期抹芽除萌，开花期花前复剪和花后缩剪等。

　　(2) 修剪的方法　　常见的绿篱断面形状有圆形、梯形、矩形，如图7-9、图7-10所示。图7-11为绿墙（高绿篱）与周围绿化环境组成的景观示意图。

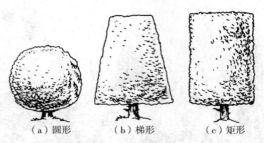

（a）圆形 （b）梯形 （c）矩形

图 7-9 绿篱的断面形状

（a）常绿阔叶树绿篱

（b）常绿针叶树绿篱

图 7-10 常绿树绿篱的各种断面

图 7-11　绿墙（高绿篱）景观

① 当年修剪　由于定植当年枝叶量一般较少，为了恢复树势，促进根系生长，通常只对苗体较大、枝叶偏多的大苗进行适度短截，以利恢复生机。其他苗木均可任其自然生长。

② 第二年修剪　第二年萌芽期间，先以大多数苗木高度为准，将其主要梢头剪去1/3。再以此为标准，在绿篱两端定桩拉线，使全篱株高一致。在截除主茎（中心枝）时，要将剪口落在规定高度以下的第一个分枝之上，既可避免主茎伤口外露，又可促进愈合，使带头枝正常生长。以后每次修剪时都要注意控制植株高度，运用抑强扶弱、压上逼下、控前促后等手法，确保绿篱整体上部不强、下部不弱、高度一致、篱基不空，篱顶和两侧均较平直，即可基本定型（图 7-12）。

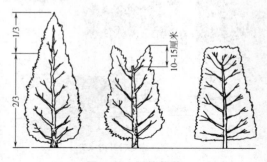

图 7-12　绿篱修剪

③ 每年正常修剪　随新梢的萌芽、生长，不断对局部旺枝进行短截，勿使远离篱体。同时还要确保基部长势，严防衰退枯竭。因此，对于绿篱的修剪必须纵览全局，兼顾上下左右的长势、长相，对于基部可能出现的裸秃早衰，尤须勤予检查，更新于未衰之前。在方法上要采取冬夏并举，轻重结合，而以生长期修剪和适度重剪为主。在冬寒地区，常绿树的修剪时间应以春、夏为主，最迟必须在早秋梢停止生长前结束。

2. 行道树的修剪

行道树的修剪是行道树养护工作中的一个重要环节，修剪对于树木外形的统一整齐、树姿美观、生长健壮起着决定性的作用。通过修剪，可调整枝条的组合，改善通风透光，有利于行道树的生长；剪除病虫枝，减少病虫的潜伏和蔓延的条件；还可减少行道树与公共事业设施之间的干扰，减弱台风侵袭时的影响。

（1）修剪季节　行道树修剪一般在冬季落叶后或春季发芽前进行。因为冬季树木休眠时修剪可重新调整枝条的组合，使树体内的贮藏养料在第二年春发芽后能得到合理的分配，并使新发的枝条有适当的空间取得阳光和空气进行光合作用，促进树木的生长，从而实现行道树庇荫、降温等功能，并使行道树有统一整齐的树形，达到整齐美观的效果。

除冬季修剪行道树外，对一些病虫枝和干扰架空线的枝条均须随时修剪，对冬季修剪后切口上萌发的一些新枝如密生一簇者，必须适当进行疏剪。

（2）修剪方法

① 培养挺直强壮的主干　按照枝条的生长规律和每个阶段的具体要求，利用顶芽发生的直立枝或直立的萌芽枝来形成挺直强壮的主干。

一般针叶树种主干的顶端优势较强，直立枝或直立的萌芽枝容易形成；阔叶树种主干的顶端优势较弱，特别是萌芽较强的阔叶树种，栽植后或受到损伤时，主干的干形不通直，要培养挺直强壮的主干形，可在春季该树发芽前，从地面进行截干。

② 均衡树势整修树冠　为了使干、枝主次分明，主干周围的侧枝分布均匀、长势强，形成美丽壮观的行道树冠，就应适当疏枝，培养斜生枝方向，抑制直立枝和大枝生长。当枝条衰老呈水平或下垂时，就可以利用短截来再次形成强壮的直立枝或斜生枝；当全树进入衰老期时，可以采用更新的办法，全面地重新形成强壮的萌芽枝来代替衰老的树冠，这样可使树冠上生长强壮的枝条永远保持多数，保持旺盛的生长势。

③ 保证枝叶有适当的生长空间和通风透光　通过修剪，使光合作用产物的积累超过呼吸等消耗，以促进生长。故枝叶大而密的，一般宜多疏去一些；枝叶稀而少的，一般少疏一些或基本不疏枝。疏除枝条时应注意疏去过密的、弱的、下垂的和有病虫害的枝条，保留生长强壮、方向好的枝条。短截的作用主要是调节具体枝条的生长势，故短截的尺度应根据枝条生长的充实程度而定，将枝条后期形成的不饱满的芽部分剪去，即为一般的轻短截，如枝条生长较弱，可适当加重。对树冠顶梢短截时还要注意使其处在同一高度上，以保证顶梢的生长势均衡。

④ 不同阶段有不同的修剪方法

a. 新植的行道树修剪　要对枝条进行强截或重截，其目的就是要利用新发生的强壮的萌芽枝来形成树冠。如果萌芽枝过于密集拥挤，就要适当疏去一些，保证让留下的枝条长好。当枝条木质化后，就可以将过多的疏剪掉。

b. 成年行道树的修剪　成年行道树由于生长环境和修剪管理方式的不同，会形成盘状、杯状、自然开心状、丛林状等树冠（图 7-13）。

ⅰ. 盘状。树冠扁平、开展、遮阳效果不足，但与架空线矛盾少。可回缩修剪树冠主枝，并在缺枝处选留更新枝。之后每年冬季在二次枝基部进行短截，可明显改善冠内少枝、遮阳不足的缺点。

ⅱ. 杯状。这是目前运用较多的冠形，综合效果好。每隔 2～3 年更新修剪一次，可使树冠生长旺盛，不利于花芽分化，可减少污染。

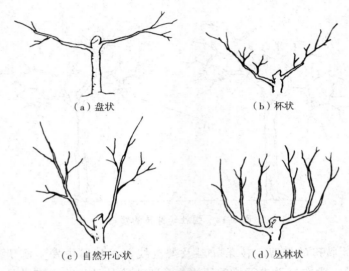

（a）盘状　　　　　　　　　　（b）杯状

（c）自然开心状　　　　　　　　（d）丛林状

图 7-13　成年行道树的冠形

ⅲ. 自然开心状。树冠基部主枝夹角较小，主枝高、生长较快，遮阳面积小。可逐步回缩修剪，使树冠主枝夹角扩大，以利于扩大冠形。

ⅳ. 丛林状。树冠高大，头重脚轻，容易倒伏，是杯状冠形未能及时修剪的结果。可在 1～2 年内重剪。

⑤ 强壮的萌芽枝的修剪　强壮的萌芽枝往往形成当年生长的二次枝，对扩大树冠有好处，但有的较弱的萌芽枝长度很长，却不发生二次枝，可以采取摘顶的办法刺激它发生二次枝。对一般枝条短截后，有的枝条剪口上一个节上可能发生两三个枝条，如果树冠已经比较稠密，只有一个枝条的空间时，就要疏去一两个；如果树冠比较稀，要求扩大树冠时，就可以留两个强的疏去一个弱的。有些树木的萌芽发枝力特别强，在不要求长枝的地方，例如在树干上一、二级分叉枝上也长了不少枝条，那些也要剪去（图 7-14）。

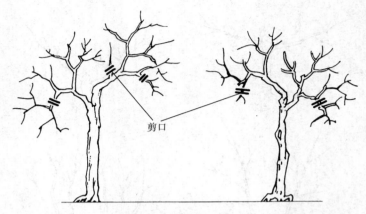

剪口

图 7-14　强壮萌芽枝的修剪

⑥ 特殊的修剪　枝条如触及架空线，或台风中发生倒伏等特殊情况，常在夏季进行特殊的修剪。要修除枯枝烂头和下垂枝、平行枝、交叉枝、重叠枝和病虫枝。对过密的枝条要适当疏枝，以保证通风透光。中型树木要注意留好踏脚枝，以便于操作。树枝修剪后和架空线、建筑物应保持一定的间距。行道树和庭园名贵树木及街道绿地有矛盾时，应适当修剪行道树。

第八章

观花、香花花木的整形修剪

一、牡丹

牡丹 (*Paeonia suffruticosa*) 为芍药科芍药属植物，别名木芍药、洛阳花、富贵花、国色天香、花王、鹿韭等。

1. 生物学特性

落叶小灌木。茎高 1～2 米，枝条挺生，丛生状。叶片宽大互生，羽状复叶，柄长，叶形不规则，嫩叶紫色，具白粉。花大，顶生，有红、白、黄、粉红、墨紫等色，4～5 月份开花（图 8-1）。变种有黄牡丹、紫牡丹。

原产于我国西北，以黄河流域、江淮流域为宜，河南洛阳、山东菏泽为我国主要产地。性耐寒，畏热，喜光照，耐干燥，耐阴，但夏季强光时要以疏荫遮蔽。适于深厚、有腐殖质的黏质壤土，忌盐碱土，要求土壤湿润、排水良好。9～10 月份嫁接，也可扦插、播种繁殖。

花大而美，具香味，有"花中之王"的美称，为人间幸福、繁荣昌盛的象征。庭园中孤植、丛植于花台、假山石或园路旁，也可点缀草坪边缘。

图 8-1　牡丹花枝

2. 整形修剪 （图 8-2）

生长 2～3 年后定干，留 3～5 枝，其余的干全部剪除。5～6 月份开花后将残花剪除。6～9 月份花芽分化期，可用镊子将芽捏除，以促使花芽在下面叶腋分化。10～11 月份，进行秋季修剪，可从枝条基部起留 2～3 枚花芽，适时摘除上部的弱花芽，以保证翌年 1～2 枚花芽开花。每年冬季剪去枯枝、老枝、病枝、无用小枝等，保留强枝 3～5 个。

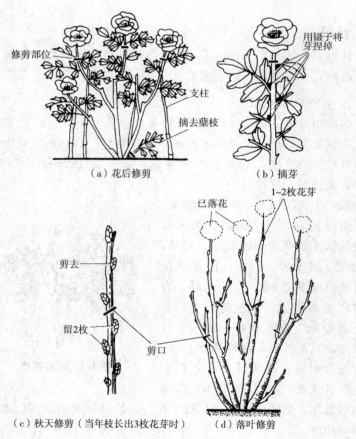

（a）花后修剪　　　　　（b）摘芽

（c）秋天修剪（当年枝长出3枚花芽时）　　　（d）落叶修剪

图 8-2　牡丹修剪

二、桂花

桂花（*Osmanthus fragrans*）为木樨科木樨属植物，别名木樨、岩桂、九里香。

1. 生物学特性

常绿小乔木或灌木。树冠圆球形。叶对生，革质。开淡黄色小花，花浓香，有"独占三秋压众芳，何咏橘绿与橙黄"之美称。核果椭圆形（图8-3）。品种较多，如金桂，花黄色；银桂，花白色；丹桂，花橙色。它们的花期为9～10月份。还有四季桂，花白色，四季开花。

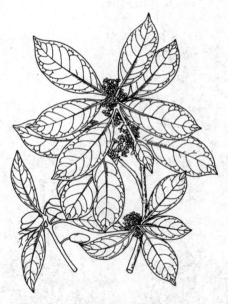

图8-3　桂花花枝

喜光，能耐半阴。较耐寒，喜温暖湿润、通风良好的环境。对土壤要求较严，不耐积水，好生于肥沃而排水良好的沙质壤土，怕盐碱土壤。不耐烟。在春季发芽前进行扦插繁殖，也可在春季发芽前进行嫁接。

桂花四季常绿，树姿挺秀，在庭园中宜作为园景树对植、孤植、丛植或成片栽植。种植在园路两边、门旁、窗口，花开之时，香飘满园。桂花对二氧化硫等有一定的抗性，适于工厂绿化。

2. 整形修剪（图 8-4）

幼年的桂花具有较好的生长势，除对树冠内部的过密枝、病枝、重叠枝、徒长枝、交叉枝等进行疏剪外，一般不进行强修剪。如果要培养独干树，应及时除去其根部和主干上的萌蘖。当主干长到一定高度时，即可剪去顶端，促使它发出 3～5 个小枝，组成树冠。古老树的老干往往会出现腐朽现象，可采用回缩修剪的办法，促使其萌发新枝，达到复壮的目的。

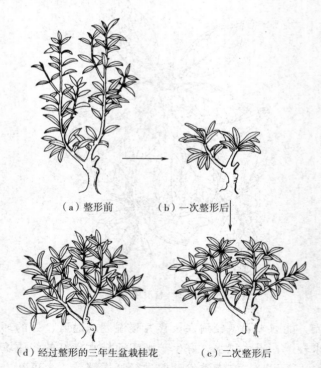

（a）整形前　　　（b）一次整形后

（d）经过整形的三年生盆栽桂花　　　（c）二次整形后

图 8-4　盆栽桂花整形修剪

　　自然的桂花枝条多为中短枝，每枝先端生有 4～8 片叶，在其下部则为花序。枝条先端往往集中生长 4～6 个中小枝，每年可剪去先端 2～4 个花枝，保留下面 2 个枝条，以利于来年长 4～12 个中短枝，树冠仍向外延伸。每年对树冠内部的枯死枝、重叠的中短枝等进行疏剪，以利于通风透光。对过长的主枝或侧枝，要找其后部有较强分枝的进行缩剪，以利于复壮。开花后至翌年 3 月份，将拥挤的枝剪除即可。要避免在夏季修剪。

三、梅花

　　梅（*Prunus mume*）为蔷薇科李属植物，别名寄春君、罗浮梦、雪友。

1. 生物学特性

　　落叶小乔木。树冠圆球形。小枝绿色，有枝刺。叶互生，卵形。花单生或并生，红色、绿色、淡粉或白色。冬春季节，花先于叶开放，有芳香。核果近圆球形（图 8-5）。

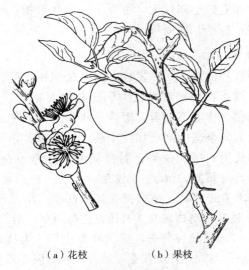

（a）花枝　　　　（b）果枝

图 8-5　梅的花枝、果枝

变种有：曲梗梅，果梗长而曲；毛梅，叶背、花梗、花托、萼片等处均有毛。

梅花品种有 300 多个，分为真梅系、杏梅系和樱李梅系三个系。

（1）真梅系　又有直枝类、垂枝类、龙游类之分。直枝类，枝直上，有江梅型、宫粉型、玉蝶型、朱砂型、绿萼型、洒金型、黄香型等。垂枝类，枝下垂，有单粉垂枝型、白碧垂枝型、骨红垂枝型等。龙游类，枝扭曲，仅玉蝶龙游型一个型。

（2）杏梅系　形态介于杏、梅之间，仅杏梅类一类，分单杏型、丰后型、送春型 3 个型。

（3）樱李梅系　仅有美人梅类一类、一型，嫩叶与花同放，紫色。

梅花喜温暖稍湿润气候，宜于阳光充足、通风良好处生长。对土壤要求不严，耐瘠薄，畏涝，耐旱，抗寒性强。以嫁接繁殖为主。

适于庭园孤植、对植、列植，也可与松、竹丛相配植，寓意"岁寒三友"。如庭园空间较大，可成丛、成片种植，形成别具特色的梅园、梅坞、梅亭、梅阁等。

2. 整形修剪（图 8-6）

（1）不同长势的修剪　对发枝力强、枝多而细的，应强剪或疏剪部分枝条，增强树势；对发枝力弱、枝少而粗的，应轻剪长留，促使多萌发花枝。树冠不大者，短剪一年生主枝；树冠较大者，在主枝中部选一方向合适的侧枝代替主枝。强枝重剪，可将二次枝回缩修剪，以侧代主，缓和树势；弱枝轻剪，留 30～60 厘米。主枝上如有二次枝，可短截，留 2～3 枚芽。

（2）不同季节的修剪　春季梅花长势旺盛，所以开完花后每个枝条保留 3～5 枚芽。当枝条发芽时还要进行疏芽，留 5～6 枚芽，长枝留 2～3 枚芽。应将长枝剪去，促使叶芽生长。当枝条长到 20～30 厘米时进行摘心，因为 6 月份花芽开始分化，所以 6 月份停止摘心。

夏季，将地面上长出的杂枝和基部发出的萌蘖枝、病弱枝、无用枝剪掉，以保持光照和通风良好。

冬季，以整形为目的，处理一些密生枝、无用枝，保持生长空间，促使新枝发育。花芽 7～8 月份在当年生新枝上分化，为了保证翌年花开满树，对只长叶不开花的发育枝进行强枝轻剪、弱枝重剪，剪除过密的枝叶，疏剪过密的侧枝，短剪中花枝。短花枝只留 2～3 枚芽。至翌年中花枝发出短花枝，剪去前面两个短枝，再剪去下部的短枝，即可培养开花枝组。10 年生左右的老树，回缩修剪主枝前部，用剪口下的侧枝代主枝，并剪去该侧枝的先端。剪去枯死枝，利用徒长枝重新培养新主枝。

（3）梅花盆景的修剪　用于制作梅花盆景时，可通过整形修剪使树体矮化。具体方法是：当小苗长到 15 厘米左右时进行摘心，以培养矮干；当分枝长到 20 厘米左右时开始摘心，以促进分枝、加速冠形成长。修剪时注意掌握剪直留曲、剪长留短、长短结合的技术要求。

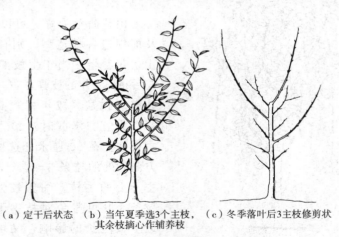

（a）定干后状态　（b）当年夏季选3个主枝，（c）冬季落叶后3主枝修剪状
其余枝摘心作辅养枝

图 8-6　梅花自然开心形最初 3 主枝修剪

四、山茶

山茶（*Camellia japonica*）为山茶科山茶属植物，别名耐冬、寿星茶。

1. 生物学特性

常绿灌木或小乔木。树冠椭圆形。单叶互生，革质。花两性，单生或对生于叶腋或枝顶，花色白、红、紫，有单瓣、重瓣等，花期1～4月份。蒴果木质，秋末成熟。栽培品种很多。

亚热带树种。喜温暖、湿润、疏松、肥沃、排水良好的酸性壤土，忌碱性土、黏性土。不宜过寒、过热，怕风。扦插繁殖5～6月份进行。

山茶叶色翠绿，有光泽，四季常青，花大、色美，花期长，适于庭园孤植、群植，可作为庭园花台主景树，也适宜盆栽布置室内阳台。

修剪线

图8-7　山茶的基本修剪方法

2. 整形修剪

山茶的基本修剪方法如图8-7所示。

山茶萌芽力强，可以重剪，从而创造各种造型，别有情趣。山茶花着生于当年生枝的顶端，花后将前一年的枝剪去1/3～1/2，并整理树冠。成年树冠高比以2∶3为宜。修剪时从最下方的主枝往上在50厘米处选留各个方向发展的枝条3～4个，作为主干上的主枝。缩剪较强壮的枝条，既可避免对枝主干或邻近主枝生长的影响，又可填补树冠空隙，以利于增加花量。每年结合修剪残花，对一年生枝进行短截，在剪口下方保留外芽或斜生枝，以促进下部侧芽萌发，发展侧枝，降低第二年的开花部位。图8-8为花后修剪部位及来年开花位置。

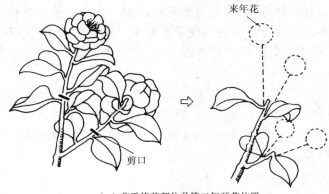

（a）花后修剪部位及第二年开花位置

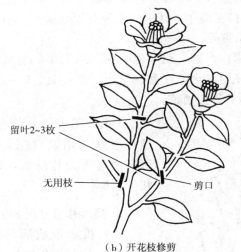

（b）开花枝修剪

图8-8 山茶的花后修剪

（1）春季修剪 3～4月份是幼芽萌动和生长枝叶时期，剪去细枝、无用枝、枯枝，保留3～4片叶，留下花旁的顶芽。5月底停止新梢生长，枝条木质化。7月份花芽开始分化，形成花蕾，夏梢也开始生长，所以5～7月份将其半木质化的新生交叉枝、重叠枝、过密枝、杂乱枝、病虫枝、萌蘖枝、瘦弱枝、过密枝等剪去，以利于调节树势，改善透光条件，减少病虫害的发生。

75

（2）夏季修剪 8月份以后可以疏蕾，即保留枝条顶梢的一个花蕾，将其余的花蕾摘除，使营养集中，保证花朵大、色彩鲜艳。从整株来说，要注意保留大、中、小不同的花蕾，以利于延长花期。

五、蜡梅

蜡梅（*Chimonanthus praecox*）为蜡梅科蜡梅属植物，别名黄梅花、腊梅、香梅。

1. 生物学特性

落叶灌木，丛生状。叶对生，卵状披针形。花单生，蜡黄色，浓香，花期11月份至翌年3月份。变种有素心蜡梅、小花蜡梅等，同属种还有亮叶蜡梅等。

喜光，稍耐阴，耐寒，耐旱能力强，忌水湿，怕风，性喜肥，喜深厚、排水良好的壤土，在黏性土上生长不良。3～4月份宜切接繁殖，5月份前后靠接繁殖。

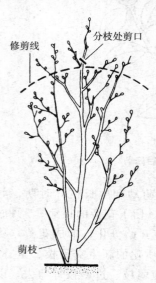

修剪线

分枝处剪口

萌枝

图 8-9 蜡梅冬季修剪

蜡梅冬日花开，芳香四溢，宜植于窗前、墙隅、坡上、庭中。在庭园中与南天竹配植，黄花红果，相得益彰。

2. 整形修剪（图 8-9、图 8-10）

（1）树冠形成后的修剪 冬季，将3个主枝各剪去1/3，促使主枝萌发新芽，从中选定比较优良的侧枝。修剪主枝上的侧枝应自下而上逐渐缩短，使其互相错落分布。侧枝强者易徒长，花枝少；侧枝弱者不易形成花芽。短截侧枝先端，在其上部可形成3～4个中长小侧枝，下部可形成许多小侧枝，

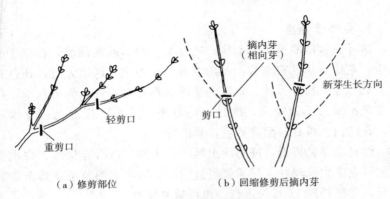

（a）修剪部位　　　（b）回缩修剪后摘内芽

图 8-10　蜡梅回缩修剪

都会产生大量花芽。疏剪过密的弱小枝，短截较强的枝，留 2~3 对芽；弱枝留 1 对芽，这小侧枝是主要开花枝。回缩修剪时，为了不使枝形成叉状，可考虑所留的对生枝向所需的方向伸展。2~3 月份开完花后，将花枝从基部剪掉，促使新枝生长，使树体保持一定的高度。

夏季，对主枝延长枝的强枝摘心或剪梢，减弱其长势；对弱枝则以支柱支撑，使其处于垂直方向，增强长势。

梅雨季节，及时将长出的杂枝和无用枝剪去。

（2）丛生枝修剪　选 3 个枝条作为主干，疏剪去其他枝。对各主干回缩修剪，剪口处留斜生枝当头，削弱顶端优势（图 8-11）。

图 8-11　蜡梅丛生枝（圆球形）整形修剪

六、月季

月季（*Rosa chinensis*）为蔷薇科蔷薇属植物，别名长春花、月月红、四季蔷薇。

1. 生物学特性

落叶或常绿灌木，藤本状。叶互生，卵形或椭圆形。花单生或簇生，花瓣 5 片，有芳香；花期以春、秋为主，四季皆有；花色有白、黄、绿、粉红、红、紫等。栽培品种有数千种，如黄月季，花浅黄色；绿月季，花大、绿色；小月季，花小、玫瑰色；香水月季，花纯白、粉红、橙黄等色，具浓香。

性喜温暖又喜光，好肥沃土壤，在中性、富含有机质、排水良好的壤土中生长较好。扦插繁殖为主，花后半成熟枝条在梅雨季节进行，老枝扦插 11 月份进行。也可播种繁殖。

月季花色繁多艳丽，花期较长。在庭园中丛植、片植，或栽植花坛、花境，切花瓶插，制作花篮、花环，矮品种可作盆景装饰室内。

2. 整形修剪 （图 8-12～图 8-15）

一般整形修剪在冬季或早春进行。在夏、秋生长期，也可经常进行摘蕾、剪梢、切花和剪去残花等。因类型、长势不同，可分为重剪、适度修剪和轻剪。因造型不同又可分为灌木状、树状、倒垂形等。

（1）灌木状月季整形修剪 当幼苗的新芽伸展到 4～6 片叶时，及时剪去梢头，使养分积聚于枝干内，促进根系发达，当年形成 2～3 个新分枝。冬季剪去残花，多留腋芽，以利于早春多发新枝。主干的上部枝条长势较强，可多留芽；主干的下部枝条长势较弱，可少留芽。夏季花后，扩展形品种应留里芽，直立形品种应留外芽。在第 2 片叶上面剪花，保留其芽，使其再抽新枝。

第二年冬灌木型姿态初步形成，此时重剪去上年连续开花的一年生枝条，更新老枝。剪口留芽方向同上。注意侧枝的各个方向相互交错、富有立体造型感。由于冬剪的刺激，春季会产生根蘖枝，应及时剪去从根上长出的根蘖枝。根蘖枝对于扦插苗，则可填补空间，更新老枝。剪除树丛内的枯枝、病虫枝及弱枝。

10年生以上的树开始老化，枝干粗糙、灰褐色，老枝上不易生新枝。当根部的萌蘖枝长出5片复叶时立即进行摘心，促使腋芽在下面形成，当长出2～4个新枝时，即可除去老枝。

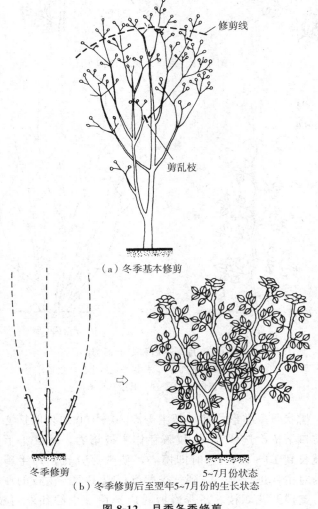

（a）冬季基本修剪

冬季修剪　　　　　　　　　　5~7月份状态
（b）冬季修剪后至翌年5~7月份的生长状态

图8-12　月季冬季修剪

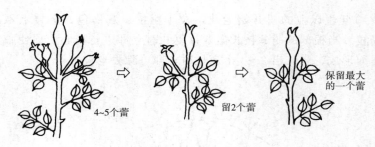

4~5个蕾　　留2个蕾　　保留最大的一个蕾

图 8-13　月季大花轮修剪

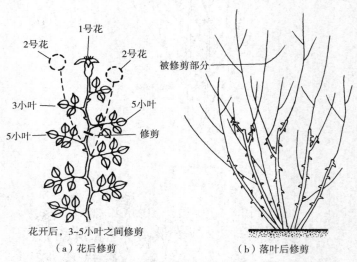

2号花　　1号花　　2号花
3小叶　　5小叶
5小叶　　修剪
花开后，3~5小叶之间修剪

（a）花后修剪

被修剪部分

（b）落叶后修剪

图 8-14　月季花后和落叶后修剪

图中"被修剪的部分"，是指开花后生长的枝条，
在基部保留2~3个芽，其余全部剪掉

（2）树状月季整形修剪　新主干高80~100厘米时摘心，在主干上端剪口下依次选留3~4枚腋芽作主枝培养，除去干上其他腋芽。主枝长到10~15厘米时即摘心，使腋芽分化，产生新枝。在生长期内对主枝进行摘心，到秋季即可形成主干。主枝的作用是形成骨架，支撑开花侧枝。冬季修剪时应选留一个健壮外向枝短截，使其扩大树冠，再生新侧枝开花。如果主干上第三主枝优势强，适

当轻短截保留 7～8 枚芽，下面的主枝短剪，保留 3～6 枚芽，使主枝在各个方向错落分布。侧枝是开花的枝，保留主枝上两侧的分枝，剪除上下侧枝并留 3～5 枚芽。主枝先端的侧枝多留芽。下面的少留芽，交错保留主枝上的侧枝。剪除交叉枝、重叠枝、内向枝，以免影响通风透光。花后修剪同灌木状月季。成形后的树状月季，因头重脚轻需设立支架绑缚。

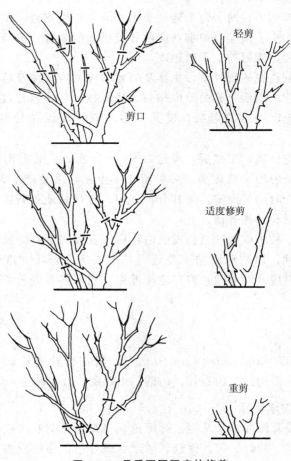

图 8-15　月季不同程度的修剪

（3）倒垂形月季整形修剪　在具有一定造型的支架附近定框，绑缚固定。在 1.7 米处短截主干，下方的侧枝全部剪去，在其上端嫁接优良品种，待成活后长至 20 厘米时摘心，留 4～6 枚芽，使先端 1～2 枚腋芽再生出分枝。每当新枝长到 20 厘米左右就摘心，使其不断长出新分枝，布满整个造型架上方。冬季，根据架面上每个新枝的强弱情况留 4～8 枚芽短剪。第二年即可成形观赏。及时剪去残花，少剪绿叶，促使多生新枝，开第二批花。

第二年冬季，剪去每个侧枝最先端的一年生花枝，留后面的一年生花枝作头。回缩修剪那些向前伸展过远的侧枝，选留后部向上健壮的侧枝，缩短与主干的距离。

如果创造花柱形月季，主藤及侧藤的绑缚均宜注意填补花柱空隙。当花柱形成后，剪去膛内枯枝、病虫枝、弱小枝、过密枝。更新基部 4～5 年生的老枝，使其多生新枝。保证花柱膛内通风、透光。

如是花格墙，定植后，可选 3～5 个壮枝，呈放射形绑于支架上，将其上弱的小枝疏剪。多保留二年生枝，以便产生大量花枝。生长期内随时绑扎固定，使其分布均匀。有计划地更新主干，可防止衰老，延长植株寿命。

夏天，枝梢或嫩叶上易发生白粉病。发现病情时应及时剪去上半部的枝叶，以防病菌向下蔓延。月季枝条、老叶宜遭受病虫危害，发现时应及时剪除，剪口应接近主干或干基，以便长出健壮的新枝条。

七、杜鹃

杜鹃（*Rhododendron simsii*）为杜鹃花科杜鹃花属植物，别名映山红、照山红、山石榴、山鹃、山踯躅、红踯躅。

1. 生物学特性

落叶或常绿灌木，丛生。叶绿色，春夏开花喇叭状或筒状，有紫、白、红、粉红、黄、橙红、橘红、绿等色。品种较多，如杂种鹃、毛鹃、云锦杜鹃、朱砂杜鹃等。

我国长江流域至珠江流域普遍生长。喜酸性、肥沃、排水良好的土壤，忌碱性土。喜半阴，怕强光。繁殖方法较多，播种、扦插、压条、嫁接、分蘖等均可。

庭园中用作花境、花篱、绿篱，可植于草坪中心和四隅，也可植于门前、阶前、墙下等处。集中成片栽植，开花时烂漫如锦。其也是制作盆景的好材料，盆栽宜布置室内、会场，美化环境。

2. 整形修剪（图 8-16～图 8-18）

杜鹃生长旺盛，萌芽力强。每年要通过修剪作业来控制和调整树形，防止养分和水分的消耗，创造优美的树形。

新株长到一定高度时，可摘除顶芽，以控制高度，促使侧芽萌生。之后在顶端的叶腋间会萌发多个侧枝，当侧枝长到一定长度时，又可摘除顶芽，再萌发出次级分枝，使冠幅逐级放大形成丰满的造型。为了控制植株开花过多，减少养分的消耗促使萌发新梢，2～3 年生的幼苗应摘去花蕾，以利于加速形成骨架。新梢短的品种不宜摘蕾，可适当疏枝。5～10 年生苗应适当剪去部分花蕾，促使开花数适当减少。7～8 月份花芽分化成花苞，第二年 4 月份开始伸展新芽，5～6 月份开花，花后立即修剪。

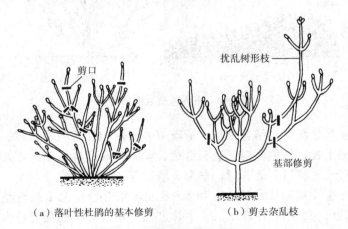

（a）落叶性杜鹃的基本修剪　　　　（b）剪去杂乱枝

图 8-16　杜鹃基本修剪手法

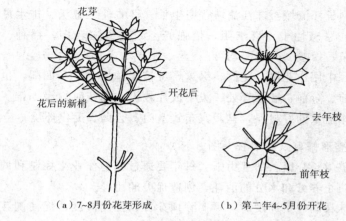

（a）7~8月份花芽形成　　　　（b）第二年4~5月份开花

图 8-17　通过修剪促使花芽形成、开花

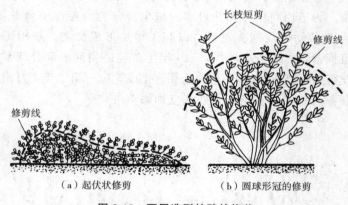

（a）起伏状修剪　　　　（b）圆球形冠的修剪

图 8-18　不同造型杜鹃的修剪

　　秋冬休眠时，结合整形，清理剪去冠内的徒长枝、枯枝、拥挤枝和杂乱枝，使整体树形造型自然、柔和美观。单株灌丛可修剪成圆球形或半圆形、蘑菇形、伞形、塔形等。

　　在生长期要注意摘心，留5～8厘米结合造型艺术进行整枝修剪。最后一次摘心在开花前6个月进行。花谢后将残花进行人工摘除，这样有利于新枝叶萌发生长。

对于<u>丛植</u>、遍植的杜鹃，可根据地形、环境的特点修剪成起伏的波浪形。

八、樱花

樱花（*Prunus serrulata*）为蔷薇科李属植物，别名山樱花、福岛樱花、青肤樱花。

1. 生物学特性

落叶乔木。树冠椭圆形。叶卵形至卵状椭圆形，幼叶淡绿褐色。花色有红、白、粉红等，3～5朵组成伞形花序，花瓣有单瓣、重瓣，与叶同放，4～5月份开放。品种有山樱、西奴樱、大岛樱、里樱等。

喜光，喜排水良好、肥沃的土壤，较耐寒，不耐盐碱土。可嫁接繁殖。

樱花种类繁多，花形、花色各异，妩媚多姿，鲜艳夺目，是春季重要观赏花木。在公园、庭园，可植于建筑物前及道路两旁。

2. 整形修剪

幼时，整形使主干上的3～5个主枝形成自然开心形，主枝上下互相错落向四周展开，在第三主枝以上剪去中心主干，有利于通风透光。开花后，腋芽萌动之前应及时剪去其他密生枝、下垂枝、重叠枝、徒长枝等，保持优美树形。

树冠成形后，冬季短剪主枝延长枝，刺激其中、下部萌发中长枝，每年在主枝的中、下部各选定1～2个侧枝，主枝上的其他中长枝则可疏密留稀填补空间，增加开花数量。侧枝长大、花枝增多时，即可剪除主枝上的辅养枝。每年冬季短剪主枝上选留出来的侧枝的先端，使中下部多生中、长枝，疏剪侧枝上的中、长枝，留的枝条则缓放不剪，使先端萌生长枝，中、下部产生短枝开花，过几年后再回缩修剪，更新老枝。老枝粗度宜在3厘米以内，以免难以愈合。冬季剪去枯枝及从地面上长出的小枝，及时剪去<u>丛枝</u>（天狗巢病枝）并烧毁（图8-19）。

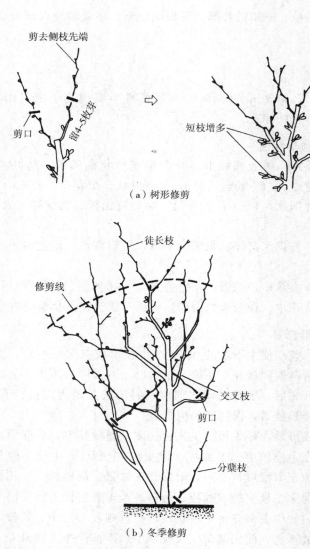

（a）树形修剪

（b）冬季修剪

图 8-19 樱花修剪

九、桃

桃（*Prunus persica*）为蔷薇科李属植物。

1. 生物学特性

落叶小乔木。树冠圆球形，小枝红褐色或褐绿色。叶椭圆状披针形，边缘有锯齿。花芽有单芽和复芽，生于新梢叶腋，复芽并生，中间为叶芽，两侧为花芽，第二年春天开放。花单生，色彩各异，多为粉红色。核果球形。观赏品种甚多，如碧桃、千瓣白桃、绛桃、紫叶桃、寿星桃、垂枝碧桃等。

原产于我国。栽培普遍，适应性广，对土壤选择不严，喜肥沃、通气良好的壤土，但对瘠薄山地和石灰性土也能适应。极喜光，树荫下生长细弱，少花。耐旱，不耐水湿。较耐寒，生长快，寿命长。

春日繁花似锦，颇有情趣。宜群植于山坡、溪畔、坞边，也可植于庭前、路侧、庭中等处。

2. 整形修剪

幼树时，使其三大主枝交错互生，与主干呈 30°～60°角。第二年冬季短截各主枝，以利于扩大树冠。剪弱留强壮的下芽，培养主枝延长枝。

树冠形成后，将强壮的骨干枝剪去 1/3，弱枝剪去 1/2。剪去长势较弱的第二、第三主枝，留其向上生长的强壮分枝作为延长枝并剪去 1/3。不断回缩修剪，控制侧枝的长、粗不超过主枝，形成自然开心形。还要疏剪过密的弱小侧枝，使其分布合理。短截过强过弱的小侧枝，使其生长中庸，强枝留下芽、弱枝留上芽。保留发育中庸的长枝（30～50 厘米）开花为宜。花后短截，来年可多开花（图 8-20）。

花后，枝叶生长茂盛，应及时剪去拥挤枝、无用枝，否则树形杂乱无章。开花的强枝多留芽，弱枝则少留芽并及时回缩更新。每年早春萌芽前，短截所有的营养枝。

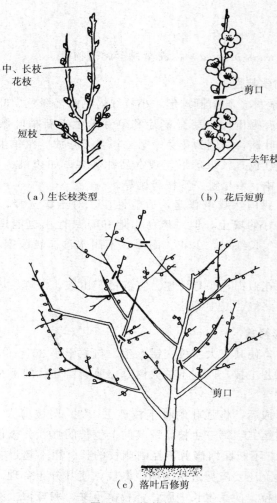

（a）生长枝类型　　　　（b）花后短剪

（c）落叶后修剪

图 8-20　桃的修剪

十、榆叶梅

榆叶梅（*Prunus triloba*）为蔷薇科李属植物，别名榆梅、小桃红。

1. 生物学特性

落叶灌木或小乔木。树冠椭圆形。单叶互生，叶宽椭圆形至倒卵形。先花后叶或花叶同时开放。花萼无毛或微被毛，萼筒宽钟形，萼片卵圆形或卵圆三角形，具细小锯齿，花粉红色。果实近球形，果肉薄，成熟时开裂，核具硬壳，表面有皱纹。品种繁多，有单瓣亦有重瓣，花瓣多，花大而密，色泽艳丽，观赏价值高。

喜阳，耐寒，对土壤要求不严，以轻壤土为好，耐微碱土。抗旱，不耐水涝，也不喜庇荫。

叶茂花繁，瓣重色艳。不论园林绿地或庭园中均宜种植，是北方主要的花灌木之一。常植于建筑前、道路边等处或配植于常绿树前。也适于盆栽和切花。

2. 整形修剪

当幼树长到一定高度时，留 2~3 个主枝，使其上下错落分布。冬季短截每个主枝，剪去全长 1/3 左右。强枝梢轻剪，弱枝梢重剪。剪去主枝上副梢，只留 1 枚叶芽，并剪去主干上辅养枝。剪除过密的新枝、拥挤枝、无用枝。短剪、疏剪树冠内的强势竞争枝。及时除萌、摘心（图 8-21）。灌丛状花后及时除果，小乔木状可留果观赏。

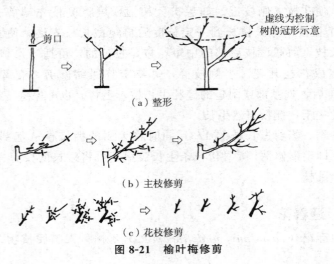

（a）整形

（b）主枝修剪

（c）花枝修剪

图 8-21　榆叶梅修剪

十一、贴梗海棠

贴梗海棠 (*Chaenomeles speciosa*) 为蔷薇科木瓜海棠属植物，别名铁脚海棠、贴梗木瓜。

1. 生物学特性

落叶灌木。叶互生，卵形。花单生或簇生于二年生枝条上，红色或淡红色、白色。果实球形至卵形，黄色或黄绿色，有香气，4月份、9月份两次开花。变种有白花种、朱红种、玫瑰种、矮生种。同属有西府海棠、垂丝海棠、木瓜海棠。

喜光，耐寒，忌水涝。对土壤要求不严，喜排水良好的肥沃壤土。以分株繁殖为主，在3月下旬和9月下旬进行为宜。

花密而多，花色艳丽，簇生枝间，鲜艳夺目。门旁对植或配植在草坪花坛中，特别是作为绿篱，开花时别具特色。孤植于常绿树前、山石旁，是很好的前景树。

2. 整形修剪 （图8-22）

萌芽力强，强修剪后易长出徒长枝，所以幼时不强剪。

树冠成形后，应注意对小侧枝修剪，使基部隐芽逐渐得以萌发成枝，使花枝离侧枝近。如想扩大树冠，可将侧枝先端剪去，留1~2个长枝，待长枝长到一定长度后再短截长枝先端，使其继续形成长枝。剪截该枝后部的中短花枝，过长的，可适当修剪先端，任其生成花枝开花。小侧枝群，每年交替回缩修剪，交替扩大。5~6年后，选基部或附近的健壮生长枝，更替。也可保持一根1米以下的主干，侧枝自然生长。

冬季，修剪过长枝的1/3，同时将无用的拥挤枝从基部剪去。花后立即整形修剪。5月份枝条生长茂盛，可将过长的枝剪去1/4，剪去杂乱枝。

十二、迎春花

迎春花 (*Jasminum nudiflorum*) 为木樨科素馨属植物，别名

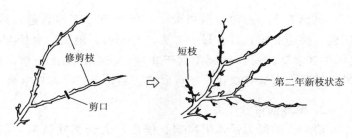

（a）当年修剪后第二年枝的状态

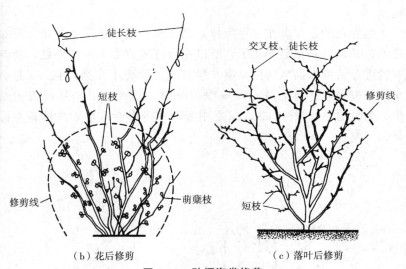

（b）花后修剪　　　　　　　　（c）落叶后修剪

图 8-22　贴梗海棠修剪

金腰带、金梅、黄梅。

1. 生物学特性

落叶或常绿灌木，丛生状。枝条拱形，四棱。3 小叶复叶，叶对生。花单生于叶腋，先花后叶，有清香，花冠黄色、波状裂片。同属的还有南迎春（素馨），常绿灌木，夏秋开花；探春，半常绿，2～4 月份开花。

温带树种，性喜光，适于肥沃、排水良好的土壤，较耐旱、耐寒、耐碱。春季扦插、压条繁殖为宜。

每到春季，满树金黄可爱，其他季节也郁郁葱葱。适于庭园、门前、路边栽植，具有报春之意，与玉梅、山茶、水仙配植，具有"雪中四友"之称。庭园中适于花境、花台、绿篱栽植，也适于池畔、石隙、岩旁等绿化，还可盆栽、制作盆景，布置室内。

2. 整形修剪（图 8-23）

萌芽、萌蘖力强，耐修剪、摘心，适合绑扎造型，如用铁丝、竹篾扎设一个造型架子，将其固定在架子上，即可创造出各种造型。

迎春花的花芽多在一年生枝条上分化，第二年早春开花，开过花的枝条以后就不再开花了，所以花后可疏剪去上一年的枝，使基部的腋芽萌发而抽生新枝，第二年开花。因为生长力较强，5月中旬，剪去强枝、杂乱枝，以集中养分供二次生长；6月份剪去新梢，留枝的基部2~3节，以集中养分供花芽生长，7月份花芽分化、开花。

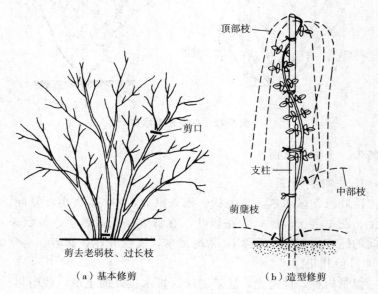

（a）基本修剪　　　　（b）造型修剪

图 8-23　迎春花修剪

十三、连翘

连翘（*Forsythia suspensa*）为木樨科连翘属植物，别名黄寿丹、黄花条、绶丹。

1. 生物学特性

落叶灌木。具有丛生的直立茎，枝开展而拱垂，小枝褐色，梢部四棱。单叶或3小叶对生，卵形、椭圆状卵形，先端尖，基部阔楔形或圆形，边缘除基部外有整齐的粗锯齿。花金黄色，先叶开放，常单生，萼片与花冠筒等长，花冠的裂片较宽而扁平，4～5月份开花。蒴果卵球形。变种有：三叶连翘，长枝上的小叶3片或3裂，花瓣窄，裂片扭曲；垂枝连翘，分枝细而下垂，常匍匐地面，枝梢生根。

喜光，耐阴，耐寒，对土壤要求不严，喜钙质土壤。能耐干旱和瘠薄，怕涝，病虫害少。可扦插、压条、分株、播种繁殖。

花色艳丽可爱，是优良的早春观花灌木。花时满枝金黄，艳丽可爱。宜丛植于草坪、角隅、岩石假山下、路边或转角处、向阳坡地、阶前、篱下，可作基础种植或花篱等用。

2. 整形修剪

萌芽力较强，花芽生在去年枝的叶腋中。早春4月份开花，4～7月份花后可将花枝剪去，重新培养新枝，8～9月份花芽分化，使第二年开花更盛。秋后及冬季剪去杂乱枝、老枝和无用弱小枝（图8-24）。

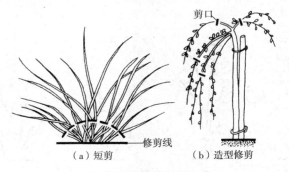

（a）短剪　　　　（b）造型修剪

图8-24　连翘修剪

十四、紫荆

紫荆（*Cercis chinensis*）为豆科紫荆属植物，别名满条红、紫株、乌桑。

1. 生物学特性

落叶丛生灌木或小乔木。叶大、心脏形。花密、4～10朵簇生于老枝上，紫红色，4月中旬开放，先花后叶。荚果紫红色，10月份成熟。变种有白花紫荆等。

亚热带树种，我国大部分地区均有栽植。性喜光，喜肥沃湿润的土壤，但怕涝，较耐寒。萌发力强，耐修剪。以播种繁殖为主，3～4月份进行。

早春开花，一片紫红，配植于庭园中的墙隅、篱外、草坪边缘、建筑物周围，供观赏。与常绿乔木配植，对比鲜明，更显花色美丽。

2. 整形修剪

定植后的幼苗，为了促使其多生分枝，发展根系，应进行轻度短截（图8-25）。第二年早春，重短截，促使其发出3～5个强健的1年生枝。在生长期，应适当摘心、剪梢。花后，对丛内的强壮枝常摘心、剪梢，要注意剪口下留外芽，以利于树丛内部通风透光，使其多生二次枝，以增加第二年开花量（图8-26）；对丛内过大的粗壮枝条，要及时回缩修剪，即从地面疏剪，以促使一年生新枝填补空隙（图8-27）。

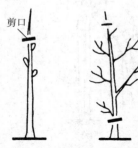

图8-25　紫荆定植后修剪

剪口

图 8-26　紫荆花后修剪

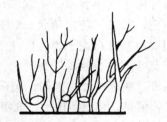

修剪线

图 8-27　紫荆丛生状回缩修剪

　　紫荆花大多开在 3 年生以上的老干、枝上，所以修剪时要注意保护老茎、枝。冬季适度疏剪树丛内过密的拥挤枝、无用枝、枯萎枝、交叉枝、平行枝、重叠枝等。避免夏季修剪，否则会减少花芽的产生。如不需繁殖新的植株，可将根部萌蘖枝剪除，以免分散养分（图 8-28）。

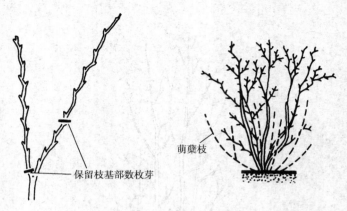

保留枝基部数枚芽

萌蘖枝

图 8-28　紫荆萌蘖枝修剪

十五、丁香

丁香（*Syringa oblata*）为木樨科丁香属植物，别名百结、情客、紫丁香。

1. 生物学特性

落叶灌木或小乔木。树冠圆球形。单叶对生，卵圆形。圆锥花序，白色、紫色，花冠筒状，具芳香，花期 4 月份。蒴果 9 月份成熟。同属植物有白花丁香、红花丁香、紫花丁香、荷花丁香、小叶丁香、花叶丁香、四季丁香等。

温带及寒带树种，喜阳，稍耐阴，好生于肥沃湿润土壤，适应性强，较耐旱。忌低湿积水，抗寒性强。嫁接繁殖于 12 月中旬进行。

枝叶茂密，花美而香，宜植于路边、窗前，开花时节，阵阵芳香扑鼻而来。花枝可作切花瓶插。

2. 整形修剪 （图 8-29）

当幼树的中心主枝达到一定高度时，根据需要剪截，留 4～5 个强壮枝作主枝培养，使其上下错落分布，间距 10～15 厘米。短截主枝先端，剪口下留一下芽或侧芽，一般主枝与主干角度小，留下芽；反之，留侧芽，并剥除另一枚对生芽。过密的侧枝宜及早疏

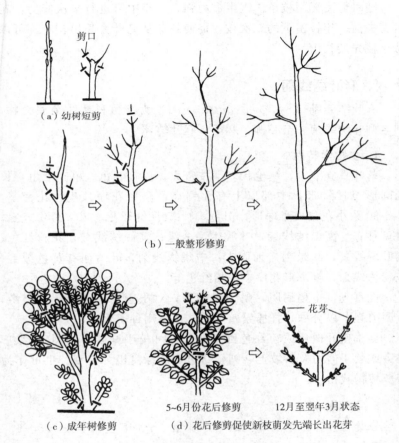

（a）幼树短剪

剪口

（b）一般整形修剪

（c）成年树修剪

5~6月份花后修剪

12月至翌年3月状态

花芽

（d）花后修剪促使新枝萌发先端长出花芽

图 8-29　丁香修剪

剪。当主枝延长到一定程度、互相间隔较大时，宜留强壮分枝作侧枝培养，使主枝、侧枝均能受到充足的阳光照射。逐步疏剪中心主枝以前所留下的辅养枝。

每年开花之后，应对所有的侧枝进行一次强修剪，剪去全部花枝，以免结实而消耗营养。为防止丁香主枝衰老，可提早留一粗壮的根蘖条，以便更新老的主枝。

随时剪去无用枝条。因生命力强，一年中可进行多次修剪，花后剪去前一年枝留下的二次枝，促使新芽从老叶旁长出，花芽可以从该枝先端长出。

十六、麻叶绣线菊

麻叶绣线菊（*Spiraea cantoniensis*）为蔷薇科绣线菊属植物，别名柳叶绣线菊、空心柳、麻球、麻叶绣球。

1. 生物学特性

落叶直立灌木，丛生状。小枝密集，皮暗红色。单叶互生，长椭圆形至披针形，中部以上有大锯齿。伞形花序顶生，花密集，10～30 朵小花集成半球形，白色，4～5 月份开花。果 7 月份成熟。常见种有：高山绣线菊，叶簇生，全缘；美丽绣线菊，花粉红色；榆叶绣线菊，叶缘锯齿细而尖；中华绣线菊，叶背面有黄色绒毛；花粉绣线菊，复伞形花序，花粉红色等。

性喜光，也稍耐阴，耐干旱瘠薄，对土壤要求不严，怕湿涝，分蘖力强。以分株、扦插繁殖为主，也可用种子繁殖。

夏季盛开白色或粉红色鲜艳花朵，可植于庭园、公园、水边、路旁或栽于假山及斜坡上，列植路边形成绿篱极为美观。也可作为蜜源植物栽植。

2. 整形修剪

分蘖力强，冬季落叶后修剪，保留 2～3 年生丛生枝 1.5～1.8 米，高粗枝上密生小枝。5 年生以上枝不开花，宜从地面上剪去，保留 1～2 年生的枝干（图 8-30）。也可以强修剪，保留地面上 30～40 厘米高的新生枝干。如果长枝无花芽，可剪去先端 2/3，保留基部 1/3，待其生出新短枝后，其上的叶腋中发育出花芽，次年开花（图 8-31）。

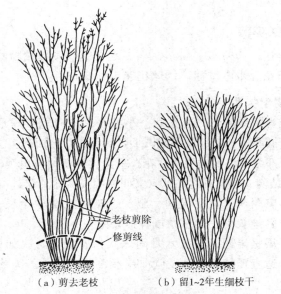

（a）剪去老枝　　　　　（b）留1~2年生细枝干

图 8-30　麻叶绣线菊老枝修剪

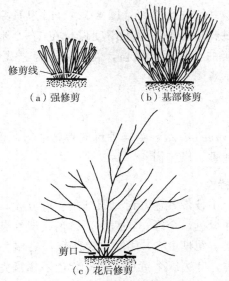

（a）强修剪　　　　　（b）基部修剪

（c）花后修剪

图 8-31　麻叶绣线菊的常规修剪

十七、绣球荚蒾

绣球荚蒾（*Viburnum keteleeri*）为荚蒾科荚蒾属植物，别名八仙花、紫阳花、木本绣球、绣球花迷、蝴蝶花。

1. 生物学特性

落叶或半常绿灌木，丛生状。小枝开展，树冠半球形。单叶对生，卵形或椭圆形，基部心形或圆形，具细齿，背面疏生星状毛。花序球状，全部为白色的大型不孕花，呈大雪球状，极美观。花期5～6月份。不结实。同属种有斗球（又叫粉团或雪球荚蒾），花较小。

喜光，略耐阴。宜在湿润、肥沃、疏松土壤中生长。较耐寒，华北南部可露地栽培。多压条或扦插繁殖。

树姿舒展呈半圆形，五六月间球状白花满树，犹如白雪压枝，引人注目。适宜孤植于草坪及堂前屋后、墙下窗外，为优良的庭园观花树种。

2. 整形修剪

花后，6月中旬进行修剪（图8-32）。因为萌芽力一般，所以不必强剪。通过整形修剪使主干高度保持在1～2米，保持完好的整体树形。去年的长枝生有短枝，花着生在短枝先端。图8-33为落叶后的修剪示意图。

十八、瑞香

瑞香（*Daphne odora*）为瑞香科瑞香属植物，别名结香、打结花、黄瑞香、睡香、风流树。

1. 生物学特性

常绿灌木。小枝带紫色，树冠圆球形。叶互生，长椭圆形至倒披针形，表面深绿色，全缘。花两性，白色或淡红紫色，顶生头状花序，密生成簇，花期3～4月份。变种有：毛瑞香，花瓣外侧有绢毛；金边瑞香，叶边缘金黄色，花淡紫色，花瓣先端5裂，香味浓；蔷薇红瑞香，花淡红色。

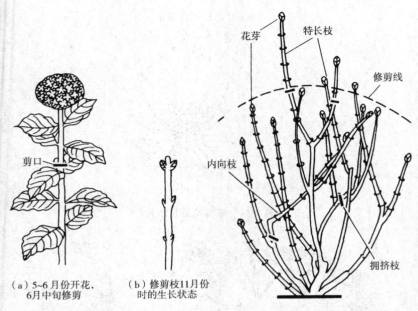

（a）5~6月份开花，
6月中旬修剪

（b）修剪枝11月份
时的生长状态

图 8-32　绣球荚蒾花后修剪

图 8-33　绣球荚蒾落叶后修剪

性喜阴，怕强光，怕台风，怕高温、高湿，不耐寒。适宜排水良好的酸性土壤。喜阴凉、通风良好的环境。压条、扦插繁殖。

枝丛生，整株造型优美，四季常绿，早春开花，香味浓郁，观赏性较高。在公园、庭园中与假山、岩石、树丛相配置，也可作花坛、花台主景或点缀草坪，还是盆栽制作盆景的好材料。

2. 整形修剪

萌芽力强，耐修剪，易造型。花后将残花剪去。在枝顶端的 3 枚芽发育成 3 个新枝，第二年 7~8 月份花芽在顶端发育（图 8-34）。花后可回缩修剪，创造球形树冠。突出的 3 小枝，可剪去中间 1 枝，再根据分枝方向的需要回缩修剪 1 枝的 1/2，保留小枝基部 1~2 枚芽（图 8-35）。

春季开花之后，可将衰老的枝从基部剪除，其根基还会长出很多新生枝。

花后将要生长出的新梢

上一年3月份
开花状态

图 8-34　瑞香花后发新枝

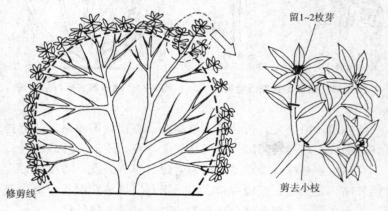

留1~2枚芽

修剪线

剪去小枝

图 8-35　瑞香花后回缩修剪

十九、广玉兰

广玉兰（*Magnolia grandiflora*）为木兰科北美木兰属植物，别名荷花玉兰、洋玉兰。

1. 生物学特性

常绿乔木。树冠为椭圆形。叶革质互生，倒卵形，全缘，正面深绿色、有光泽；背面密被褐色毛。花白色，单生枝顶，花径20~

25厘米，具芳香，花瓣大，通常6瓣，花期4～6月份。

亚热带树种，原产于北美。喜光，能耐半阴，喜温暖、湿润气候。较耐寒，适于深厚、肥沃、湿润的土壤。秋季采种后及时播种。春季用一年生嫩枝嫁接；也可压条、扦插繁殖，抗风力弱，栽植后加防风支架。

树姿雄伟壮丽，叶大、光亮，四季常青，适于庭园孤植或对植于门前。

2. 整形修剪（图8-36～图8-38）

幼时，要及时剪除花蕾，使剪口下壮芽迅速形成优势，向上生长，并及时除去侧枝顶芽，保证中心主枝的优势。

定植后回缩修剪过于水平或下垂主枝，维持枝间平衡关系，使每轮主枝相互错落，避免上下重叠生长，以充分利用空间。夏季随时剪除根部萌蘖枝，各轮主枝数量减少1～2个。疏单冠内过密枝、病虫枝。主干上，第一轮主枝剪去朝上枝，主枝顶端附近的新枝注意摘心，降低该轮主枝及附近枝对中心主枝的竞争力。

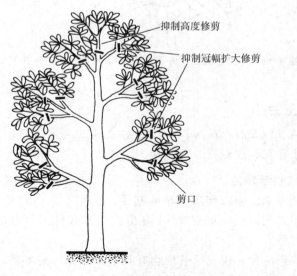

图 8-36 广玉兰的基本修剪

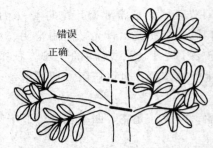

图 8-37　广玉兰剪口部位的选择

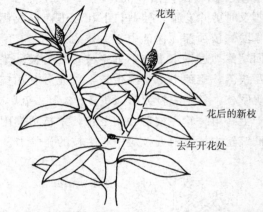

图 8-38　广玉兰第二年开花前（4~5 月份）的花枝生长状态

二十、玉兰

玉兰（*Yulania denudata*）为木兰科玉兰属植物，别名木兰、玉树、望春花、应春花、玉堂春。

1. 生物学特性

落叶乔木。树冠卵形。单叶互生，倒卵形。白花单生于枝顶，具芳香，先花后叶，花期 3~4 月份。变种有紫玉兰，花被 12 片，外面紫红色。

亚热带树种，现我国各地均有栽培。喜光，耐半阴，喜暖稍耐寒，喜肥沃、湿润、排水良好的中性偏酸壤土，在微碱性土壤中也能生长。播种、嫁接、扦插繁殖，秋季采种后及时播种。

　　花大而香，早春开放。在庭园中，常对植于堂前或孤植点缀中庭。在庭园中与常绿针叶树混植，作前景树。

2. 整形修剪

　　花后到大量萌芽前修剪。为促进幼树高生长，早春可剪除先端附近侧芽。夏季，对先端竞争枝进行控制修剪，削弱其长势，保证主干先端生长优势，如不需高生长，可在 6 月初切去主枝末端，使其从低处另长新枝，立即修剪促进新梢长出，以利于花芽 7～8 月份在新梢顶部发育。主干上主枝适当多留，使上下主枝错落有致，具有一定空间和间隔。适当短剪先端，其后部容易形成中、短枝而提早开花。剪口下留外芽使枝条向外扩展，上长下短使树冠形成圆锥形。疏剪主干上其他过密枝、上下重叠枝和无价值的枝条。短截各主枝延长枝先端，其上侧枝要留一左一右，间隔 20～30 厘米。短截 1 年生侧枝先端，以利于多生短枝，多开花。如果树冠大时，可暂留侧枝，或剪去 1/2；假如树冠空间小，回缩剪除侧枝上过多的小侧枝。冬季剪去病虫枝、并列枝、徒长枝。因愈伤能力差，一般少剪。图 8-39 为不同树形玉兰的修剪示意图。

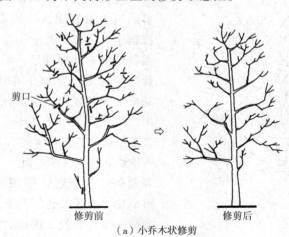

剪口

修剪前　　　　　　　　　修剪后

（a）小乔木状修剪

图 8-39

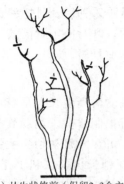

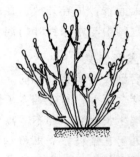

（b）丛生状修剪（保留2~3个主干）　　　（c）灌丛生状修剪

图 8-39　不同树形玉兰的修剪

二十一、含笑

含笑（*Michelia figo*）为木兰科含笑属植物，别名香蕉花、含笑梅。

图 8-40　含笑花枝

1. 生物学特性

常绿灌木或小乔木。树冠圆形。树干通直圆满，树皮灰褐色。枝密生，小枝、叶柄、花梗均有黄褐色绒毛，叶椭圆形，革质，正面碧绿有光泽，背面生有锈色绒毛。花单生于叶腋间，花蕾乳黄色或乳白色，花冠下垂，花瓣 6 枚，总是含苞欲放，故名"含笑"，花开时芳香浓郁，花期 3~5 月份（图 8-40）。蓇葖果，深红色，卵圆形，10 月份成熟，种子红色。同属种有多花含笑、金叶含笑、深山含笑等，均为优良的园林观赏花木。

产于华南各地。亚热带树种。性喜温暖湿润气候和疏松肥沃的酸性、微酸性土壤，中性土壤也能适应，忌碱性土壤。喜阴，不耐干燥瘠薄，不耐寒，在长江流域可露天过冬。

含笑叶绿花美，香气怡人，十分可爱。宜对植于门前，列植于路旁、草坪边缘、楼房周围，丛植于林缘、庭园、公园花坛和花境，装点室内外。

2. 整形修剪（图 8-41）

幼苗时开始整形，保留一定的主干，为控制树形和增加新枝条，可在新枝生长前进行摘心。开花后进行修剪。剪除枯枝、衰老枝、瘦弱枝、病虫枝。在剪枝时还可进行整形。因为经过一段时间生长后，枝条会出现参差不齐现象，有损美观，所以要对特长的枝条进行短剪、造型，提高观赏价值。叶腋内不长芽的枝条是不会育花的，所以花后把枝条上端不长芽的枝剪去，以刺激枝条下端的叶腋内的幼芽长枝育蕊。

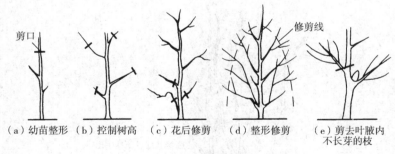

（a）幼苗整形　（b）控制树高　（c）花后修剪　（d）整形修剪　（e）剪去叶腋内
　　　　　　　　　　　　　　　　　　　　　　　　　　　　　　　　　不长芽的枝

图 8-41　含笑修剪

二十二、木槿

木槿（*Hibiscus syriaus*）为锦葵科木槿属植物，别名木棉、篱障花、喇叭花、朝开暮落花。

1. 生物学特性

落叶灌木或小乔木。单叶互生，卵形。花单生于叶腋，钟状，有紫、红、白等多种颜色，花朵有单瓣和重瓣，花期 6～9 月份。
蒴果长圆形，9～11 月份成熟。常见品种有重瓣白花木槿、重瓣紫
花木槿。同属还有大花木槿。

性喜光，喜温暖、湿润的气候，耐半阴，耐干燥及贫瘠的土壤。
扦插繁殖。耐修剪，抗寒性弱，抗烟尘及有害气体的能力较强。

木槿花期长、花朵大。夏秋花开满树，娇艳夺目，甚为美观。
常作花篱，单植、丛植于庭园都很美丽。抗污染性强，适于工厂及
街道绿化。白花可食用。

2. 整形修剪（图 8-42、图 8-43）

生长快，萌芽率强，耐强修剪。冬季落叶后，即可修剪。2～3
年生老枝仍可发育花芽、开花，剪去先端，留 10 厘米左右即可。

如培养低矮的花树可将整体立枝剪短。对粗大的枝可以短剪，
以促使细枝密生、树容整齐。

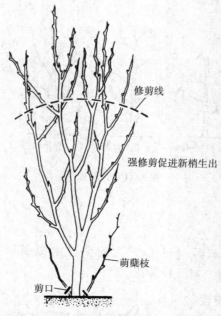

图 8-42 木槿冬季修剪

修剪线
强修剪促进新梢生出
萌蘖枝
剪口

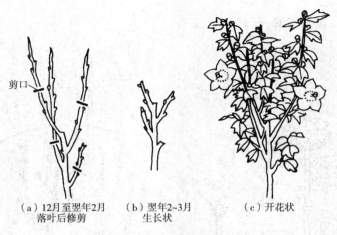

（a）12月至翌年2月 　（b）翌年2~3月 　　（c）开花状
落叶后修剪 　　　　　生长状

剪口

图 8-43　木槿冬季修剪后的生长

二十三、八仙花

八仙花（*Hydrangea macrophylla*）为绣球花科绣球属植物，别名阴绣球、粉团花、紫阳花绣球。

1. 生物学特性

落叶灌木。树冠球形。小枝粗，有皮孔。叶倒卵形或椭圆形。顶生伞房花序，形大，由多数不孕花组成，初时白色，渐变为蓝色或粉红色，花期 6～7 月份。常见品种有蓝边八仙花、大八仙花、银边八仙花、紫茎八仙花、紫阳花（花蓝色或淡红色）。同属种有蔓性八仙花、东陵八仙花、圆锥八仙花。

产于长江流域及其以南地区。喜温暖、湿润环境。耐寒性差。适于肥沃、湿润的壤土，生长在酸性土壤上的植株开蓝色花，生长在碱性土壤上的植株开红色花。分株、压条、扦插繁殖。为短日照植物，每天黑暗 10 小时以上经过 50 天处理便能形成花芽。

开花时，花团锦簇，色彩多变，极富观赏价值。宜配植于庭园荫处、林下、林缘及建筑北面，也可盆栽布置室内。

2. 整形修剪（图 8-44）

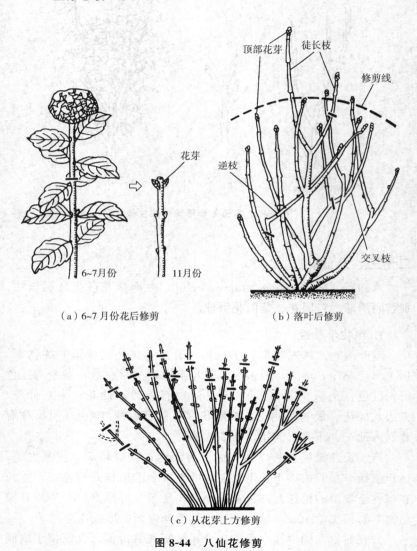

（a）6～7月份花后修剪

（b）落叶后修剪

（c）从花芽上方修剪

图 8-44 八仙花修剪

萌蘖性强，在北方，冬季地上部分容易冻死，可将地上部分剪去。覆土保护根、茎、幼芽，以利于第二年春季萌发新株。在南方，2月份在花芽的上方短剪。花开完后在其下面2～4片叶处剪掉。9月份花芽、叶芽分化之后保留20个枝条以内为宜，将弱枝、枯枝、拥挤枝从根基部剪除。对过高的枝，宜从花芽之上剪除。

制作盆景的修剪：植株从土中萌发出新芽后，根据盆的大小和植株生长情况，从中选择3～5枝健壮的茎作花枝培养，其余的剪去，集中营养使花大而优美。开花之后对植株进行重剪，促使根部萌发新株，当新茎长到5～8厘米时，再进行造型。

二十四、紫薇

紫薇（*Lagerstroemia indica*）为千屈菜科紫薇属植物，别名痒痒树、百日红、满堂红。

1. 生物学特性

落叶乔木或灌木。树冠椭圆形。单叶对生，椭圆形。圆锥形花序顶生，花瓣多皱纹，有白、红、淡红、淡紫、深红等色，花期7～10月份。花开烂漫如火，夏秋经久不衰，故又名百日红。栽培观赏品种还有：大花紫薇，花大，由粉红色变紫色；银薇，花白色；翠薇，花紫色；赤薇，花红色。

亚热带阳性树种。喜温暖、湿润气候，喜光，又稍耐阴，耐旱、耐寒、怕涝。萌蘖性强。播种繁殖，2～3月份进行；插条繁殖，3月份进行。

树姿优美，树干光滑洁净，花期长，花色烂漫。在庭园中，配植在常绿树群中，对比鲜明。庭园建筑物前、池畔、路旁、草坪边缘，均宜栽植。

2. 整形修剪 （图8-45～图8-47）

冬季，将一年生苗先端短截，第二年春则生3～4个新枝，剪口下第一枝可作主干延长枝，使其直立生长。夏季对其下面的2～3个新枝进行不断摘心。第二年冬季，短截主干新枝1/3，并对第一层主枝短截,剪口留外芽,减弱长势。

夏季,新干剪口下又分生多数新枝,再选 2 个与第一层主枝互相错开的枝作第二层主枝。未入选的枝条通过摘心控制生长。每年仅在主枝上选留各级侧枝和安排好树冠内的开花枝。凡是开花基枝,一般留 2～3 枚芽短截。

4～5 月份,将刚长出的新芽保留 2～3 枚,其余摘掉,长出来的二次短枝特多,这些短枝上也会开很多花。对拥挤枝、弱小枝、老枝应从基部剪去。

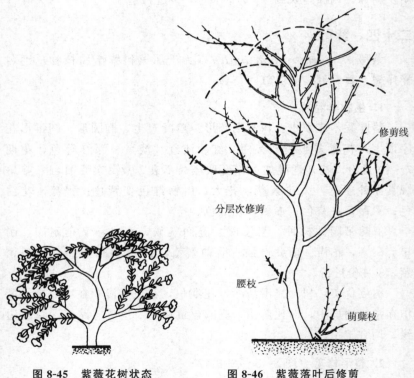

图 8-45　紫薇花树状态　　　　图 8-46　紫薇落叶后修剪

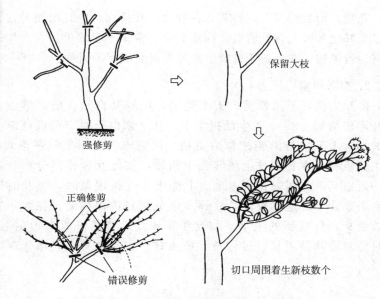

保留大枝

强修剪

正确修剪

错误修剪

切口周围着生新枝数个

图 8-47 紫薇强修剪及修剪后的生长状态

图中上面的正确修剪线表示冬季修剪时，要保留当年新枝基部 2～3 个芽，

来年春天发芽较多；图中下面错误修剪线表示，若将当年生新枝全部剪掉，

顶端发芽少，夏秋开花就少

二十五、合欢

合欢（*Albizia julibrissin*）为豆科合欢属植物，别名夜合树、马缨花、绒花、扁担树。

1. 生物学特性

落叶乔木。伞形树冠。叶互生。伞房花序，雄蕊花丝犹如缨状，半白半红，故有"马缨花""绒花"之称。花期 6～7 月份。同属其他种有山合欢，叶小，花由黄色变为黄白色，长江流域、珠江流域分布较多。

阳性树种，好生于温暖、湿润的环境；耐严寒、干旱、瘠薄，夏季树皮不耐烈日。在沙质壤土上生长较好。10 月份采种，翌年春播种。

花美，形似绒球，清香袭人；叶奇，日落而合，日出而开，给人以友好之象征。花叶清奇，绿荫如伞，常植于堂前供观赏。作绿荫树、行道树，或栽植于庭园、池畔等都是极好的树种。

2. 整形修剪（图 8-48）

萌芽力弱，不耐修剪。人工整形，应顺其自然，最好整成自然开心形树冠。3～4 年生幼树主干高达 2 米以上时，可进行定干修剪。选上下错落的侧枝作为主枝，用它来扩大树冠，冬季对 3 个主枝短截，在各主枝上培养几个侧枝，彼此互相错落分布，各占一定空间。当树冠扩展过远、下部出现秃枝现象时，要及时回缩换头，让下部的几枚健壮芽逐步形成优势取而代之，在翌年春继续生长，形成新的主干。如此年年反复，自然形成伞形树冠。平时注意剪除枯死枝、过密枝、病虫枝、交叉枝等，以增强观赏效果。

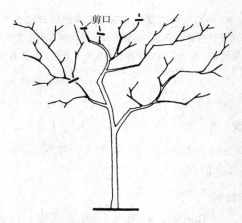

剪口

图 8-48　合欢落叶后的整枝修剪

二十六、栀子

栀子（*Gardenia jasminoides*）为茜草科栀子属植物，别名黄栀子、山栀、越桃、白蟾花。

1. 生物学特性

常绿灌木。枝丛生，树冠球形。叶对生或 3 片轮生，卵形，革质，表面光亮。花白色，单生枝顶或叶腋，具浓香，花期 6～8 月份。浆果卵形，橙黄色，10 月份成熟。品种有：大花栀子，花型较大，香味极浓；小花栀子，花型较小，叶小；卵叶栀子，叶先端圆；狭叶栀子，叶狭窄披针形；斑叶栀子花，叶具斑纹。同属观赏种还有雀舌栀子，茎匍匐，叶倒披针形，花重瓣。

喜温暖、湿润、通风良好的环境。喜光亦耐阴，耐寒性差。喜疏松、肥沃的酸性土壤。扦插、压条、分株、播种繁殖，春季播种为宜。

枝繁叶茂，叶亮色绿，花色洁白，芳香扑鼻。适于庭园、池畔、阶前、路旁境栽或群植、孤植、列植，也是点缀花坛的好材料。还可盆栽，作切花、制花篮等供室内观赏。

2. 整形修剪（图 8-49）

萌芽力强，耐修剪。9 月份二次新梢发育花芽，待第二年开花。花谢后，如整形修剪只能疏剪伸展枝、徒长枝、弱小枝、斜枝、重叠枝、枯枝等，但要保持整株造型完整。如将新芽剪掉，第二年开花会减少。

（a）花枝

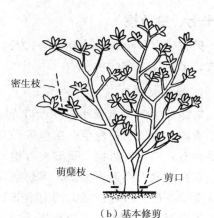

密生枝

萌蘖枝　　　　　剪口

（b）基本修剪

图 8-49

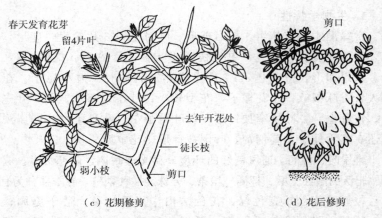

（c）花期修剪 （d）花后修剪

图 8-49 栀子的修剪

为了增加花朵的数量，6 月份应及时短截已开过的花枝，留基部 2～3 节，以防止花后结实消耗营养。当新枝长出 3 节后及时摘心，同时除去 1～2 枚侧芽，留下 1～2 枚让其抽生二级侧枝。8 月份二级侧枝新梢长到 15 厘米左右时，再次摘心，防止其加长生长，第二年春季这些侧芽萌生出的新枝即可开花。

二十七、夹竹桃

夹竹桃（*Nerium oleander*）为夹竹桃科夹竹桃属植物，别名桃竹、半年红、柳叶桃。

1. 生物学特性

常绿丛生大灌木或小乔木。叶革质，轮生或对生。聚伞花序，花 2 重瓣，桃红色、白色、黄色等，有香气，花期 7～10 月份。常见品种有：白花夹竹桃、重瓣夹竹桃。

喜光好肥，喜燥，怕湿，不耐寒，能在较阴的环境里生长，对土壤要求不严，适应性强。梅雨季节扦插繁殖。

植株姿态潇洒似竹，花开热烈气氛似桃，花期长，故有"半年红"之称。可配植于庭园一隅、篱下。大树孤植，小树群植。抗烟、抗毒、抗尘力强，因此是工厂绿化的优良树种。

2. 整形修剪（图 8-50）

夹竹桃扦插苗第二年可以定干，首先将主干短截，保留 30～50 厘米高。抹去侧芽，保留剪口下的 3 枚侧芽，使其萌生出 3 个侧主枝。然后对 3 个侧主枝也短截，同上留芽 3 枚，让其再萌生出 3 枚二级侧芽，这样可创造 3 叉 9 顶的株型，在二级侧枝上的小侧枝开花繁茂。

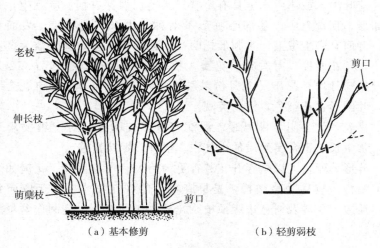

（a）基本修剪　　　　（b）轻剪弱枝

图 8-50　夹竹桃修剪

夹竹桃萌芽力强，耐修剪。4 月份前剪除枯枝、地上萌生枝，回缩修剪较长的枝条，一般保留枝干 3～5 个。6 月份将拥挤枝、伸展过长枝从基部剪掉。9 月份修剪生长势很强的枝条以及过密枝，保持枝丛间距留有适当的空间，清除 4 年生以上的枝条。

夹竹桃根系生长很快，下部的小枝生长迅速，需及早摘心，促使每一枝头萌发 3 个开花枝，形成分枝壮实的优美树冠。

盆栽夹竹桃栽入大盆 2 年后，为了控制植株生长、促进花芽分化，需在干基盆土上方 15 厘米处进行环状剥皮。夹竹桃 5～6 年后应换盆进行修剪，把环剥口上方的老枝全部剪去，再将环剥口下方的枝条绑顺整理，使之形成多干式造型。

冬季，在北方为了防寒，不将地上的枝条全部剪除，保留根基30厘米，再覆土盖上塑料薄膜等。

二十八、金缕梅

金缕梅（*Hamamelis mollis*）为金缕梅科金缕梅属植物。

1. 生物学特性

落叶灌木或小乔木。具有星状短柔毛。裸芽有柄。叶互生，宽倒卵形，顶端急尖，基部心脏形不对称，边缘有波状齿，表面粗糙，背面有密生绒毛，半圆形托明显。穗状花序短，腋生数朵金黄色小花，花两性，有香味，花瓣 4 枚、线形，花期较长，从 12 月至翌年 3 月均有花开。10 月份果熟，蒴果 2 裂。同属还有红花金缕梅，叶圆形，花红色，极为美观。

喜光，耐半阴，喜温暖、湿润气候，较耐寒，对土壤要求不严，常生长于富含腐殖质的山林中。播种、嫁接繁殖。

叶形美丽，尤以早春开花芳香更为怡人。先花后叶，花瓣如缕近似蜡梅，故称为金缕梅，是早春重要的观花树木。适于庭园角隅、池边、溪畔及树丛边缘孤植，花枝可作切花，也是制作盆景的好材料。

2. 整形修剪 （图 8-51）

整形修剪保持树高在 2 米以上为宜。花后，直到萌芽前修剪为佳。修剪后 7 天左右花芽分化。9 月以后，可修剪杂乱枝条，有利于正常枝条发展。丛生枝应从基部剪去。

二十九、六月雪

六月雪（*Serissa japonica*）为茜草科白马骨属植物，别名满天星、白马骨。

1. 生物学特性

常绿或半常绿矮生小灌木。高不及 1 米。丛生，分枝繁密。单

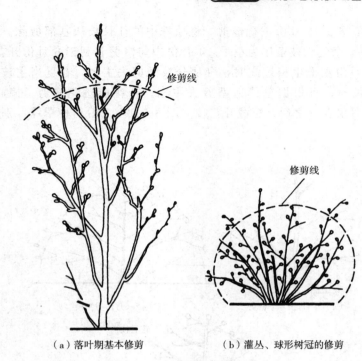

（a）落叶期基本修剪　　　　（b）灌丛、球形树冠的修剪

图 8-51　金缕梅修剪

叶对生，卵形至披针形，长 7～15 毫米，全缘，常聚生于小枝上部。花单生或数朵簇生于小枝顶，白色，花期 5～7 月份。核果小，近球形，果期 10 月份。

广泛分布于长江下游各省市，南至广西和广东。喜温暖、阴湿环境，畏强光，在向阳干燥处栽培生长不良，不耐严寒。性喜肥沃或中性偏酸性沙壤土。萌芽力、萌蘗力强，耐修剪。

树形纤巧，枝叶扶疏，夏日盛花，宛如白雪满树，玲珑清雅。适宜作矮绿篱，可植于花坛周边、树下，也是花坛、花境镶边和盆栽及制作盆景的好材料。

2. 整形修剪

萌发力强，耐修剪，枝干软，须根多，扭曲而不规则。

冬季 2～3 月份进行修剪，将植株中的徒长枝从基部剪除。选留 3～5 个健壮枝条作为主干。4 月份中旬修剪有利于 6 月份开花。3～6 月份主干生长过高时，可从分枝处剪去主梢。春夏当主枝生长过长时，可根据总体造型剪去主梢。开花前避免修剪、摘心。6～7 月份花落之后，短截开花枝（图 8-52）。之后新梢翠绿，别有情趣。

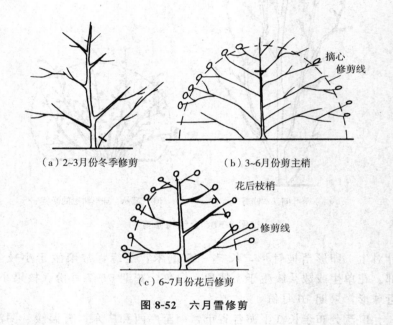

（a）2～3月份冬季修剪　　（b）3～6月份剪主梢

（c）6～7月份花后修剪

图 8-52　六月雪修剪

随时剪除根部萌发的分蘖枝、过密枝、老枝，以利于树冠内通风透光和主干的增粗。在生长季节要经常摘心，使枝叶符合造型需要。

三十、黄刺玫

黄刺玫（*Rosa xanthina*）为蔷薇科蔷薇属植物，别名刺梅花、硬皮刺玫。

1. 生物学特性

落叶丛生灌木。株高 3 米左右。小枝褐色或红褐色，有硬刺，无刺毛。奇数羽状复叶，小叶 7～13 枚，广卵形或近圆形，边缘有钝锯齿，托叶小，下部与叶柄连生，常有毛。花黄色，圆苞片，花期 4～5 月份，单瓣或重瓣。球形果红褐色、黑褐色，果熟期 8～9 月份。

产于我国北部。性耐寒，耐旱，耐瘠薄，不耐水涝，喜光。

春末夏初盛花时，金黄一片，光彩夺目。花叶同放，盛花时一朵朵金黄色的花镶嵌在秀丽的叶丛中，令人赏心悦目。花后，串串近球形的果实，由绿变红再变紫褐色。一般丛植、孤植于行道树下、庭园、房前、草坪等处，也可作花篱或植于假山旁等。对恶劣环境和有害气体有一定的抗性，可用于改善环境。

2. 整形修剪 （图 8-53）

黄刺玫萌蘖力强，耐修剪。因其花多着生在枝条顶端，故开花前不宜进行修剪。春季开花后，剪除残花和部分老枝。为了促使发出更多的新枝，可短剪长势旺盛的枝条。

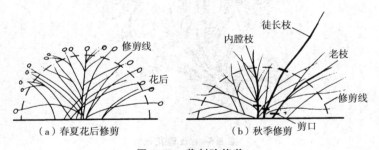

（a）春夏花后修剪　　　（b）秋季修剪

图 8-53　黄刺玫修剪

秋季落叶后，对徒长枝条进行短剪。疏剪枯枝、弱枝、病虫枝、过密枝，适当剪去花芽少、生长衰老的枝条。多年生的老植株，可适当疏剪过密枝、内膛枝，否则株丛过密，有碍花芽分化。每 3～5 年，应对老枝进行疏剪、更新复壮 1 次。

三十一、玫瑰

玫瑰（*Rosa rugosa*）为蔷薇科蔷薇属植物，别名梅桂、徘徊花。

1. 生物学特性

落叶直立丛生灌木。枝干密生倒刺和毛。奇数羽状复叶，小叶5～9片，椭圆形或倒卵形，长2～5厘米，叶缘有钝齿，上面亮绿色、多皱无毛，下面有毛。花单生或数朵聚生于枝顶，花色有红、紫、白诸色，具芳香，花期5～6月份（图8-54）。果扁球形，果期9～10月份。栽培品种有白玫瑰、重瓣白玫瑰等，花洁白，香味浓郁。

图8-54　玫瑰花枝

原产于我国北部地区，温带树种，适应性强，各地均有栽培。喜湿润肥沃土壤，但对土壤要求不严。喜光，耐寒，耐旱，不耐水涝。萌发力强。

花形秀美，色彩鲜艳，芳香馥郁，是形、色、香俱佳的庭园观赏花木和园林布置理想花木之一，深受人们喜爱。植于花坛、草坪、路旁均可，也可作花篱、花境和专类玫瑰园。

2. 整形修剪（图 8-55）

由于玫瑰的花都着生于枝条的顶端，因此在花前应尽量不短剪，可酌情疏剪。花后应及时剪去残花，积累养分。

用于观赏的玫瑰，每年秋季落叶后将枝条剪除 2/3。剪口上方 5 厘米处保留壮芽。为了维护良好的生长势，需将开过花的枝条剪去 1/2，或在早春萌动前，将老枝、弱枝、交叉枝、过密枝、枯枝、病虫枝剪除。

为了更新，可将二年生以上的老枝从基部剪除。对于直立粗壮的枝条，在离地 80 厘米处短截，促使发出花枝。疏剪衰弱的老枝条时，对有可能萌发新芽的，可在离地面 5～6 厘米处剪除。对于长势一般的枝条，短截时应选留饱满的芽，以便培育壮枝。

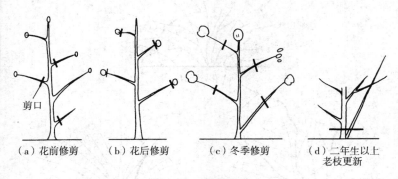

（a）花前修剪　　（b）花后修剪　　（c）冬季修剪　　（d）二年生以上
　　　　　　　　　　　　　　　　　　　　　　　　　　　　老枝更新

图 8-55　玫瑰修剪

三十二、猬实

猬实（*Kolkwitzia amabilis*）为忍冬科猬实属植物。

1. 生物学特性

落叶灌木。幼枝上疏生柔毛，枝条呈弯弓形下垂，干皮薄片状剥落。单叶对生，卵形至卵状椭圆形，长 3～7 厘米，具浅锯齿，两面具毛。聚伞花序顶生，花冠钟状，粉红色，花期 5～6 月份。

瘦果状核果，外面被有刺毛，形如刺猬，果期8～9月份。

原产于我国中部及西北部，现各地多有栽培，分布于中部及西部地区。性喜光，也能耐半阴，喜温暖、湿润气候，有一定耐寒性，在北京可露地越冬，忌高温。喜排水良好的肥沃土壤，耐干旱、瘠薄土壤。有自播更新能力。对有害气体具有较强抗性。

株丛姿态优美，花繁叶茂，初夏时节万紫千红，花团锦簇，果实外被刚毛，形似刺猬，别致有趣，是一种具有较高观赏价值的花木。可植于草坪、墙隅、池畔、路边，或作绿篱使用。

2. 整形修剪（图8-56）

花后，将开过花的枝条留4～5枚饱满芽进行强短截，促发新枝，备翌年开花用。

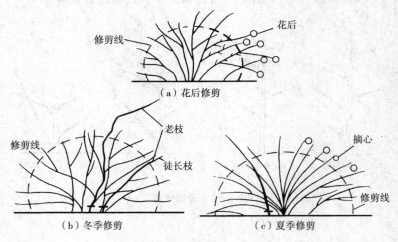

图8-56　猬实修剪

夏季，将当年生新枝进行适当摘心，抑制枝条生长，节省养分，促进花芽分化。

日常管理中，疏剪徒长枝，适当剪去部分残花枝条，同时疏剪过老枝条，以促进新枝萌发。每年早春应将枯枝、病虫枝、过密枝加以疏剪。

为了保持植株的完整，每 3 年可进行一次重剪，使其萌发新枝，注意控制株丛，使之保持紧密。

如制作树桩盆景，可经常进行摘心，适当调整摘心的位置，调整其他分枝高度。摘心后会萌发成新枝，当新枝长出 1～2 对新叶时再进行摘心。这样反复摘心有利于长成理想的树冠造型。

三十三、锦带花

锦带花（*Weigela florida*）为忍冬科锦带花属植物，别名文官花、海仙花、五色海棠。

1. 生物学特性

落叶灌木或小乔木。树皮灰色。幼枝具 4 棱，小枝紫红色，有 2 列柔毛。单叶对生，椭圆形或卵状椭圆形，长 5～10 厘米，先端尖，基部圆形至楔形，叶缘有锯齿，上面脉上有毛，下面毛更密。聚伞花序，花冠漏斗状钟形，玫瑰色或粉红色，花期 4～6 月份，花未开时似海棠，开时如木瓜，十分艳丽。蒴果柱状，顶有短喙，种子无翅，果期 8～10 月份。

产于我国东北、华北。喜土层深厚、湿润、富含有机质的土壤，但对土壤要求不严，耐瘠薄。喜光，耐寒，怕涝。萌发力强。对氟化氢抗性较强。

枝繁叶茂，花色鲜艳，其花期正值春花凋零、夏花不多之际，且花期甚长，故为东北、华北地区重要的观花灌木之一。为园林常见观赏花木。植于草坪、庭隅、塘畔、路边，点缀于坡地、假山，或作花篱，莫不相宜，可孤植、丛植或列植，也可盆栽装饰室内外或作切花。用于工厂矿区绿化美化环境效果良好。尤宜成片种植，整体景观更加动人。

2. 整形修剪（图 8-57）

萌芽力、萌蘖力强，生长迅速，花多开于 1～2 年生枝上，故在冬季或早春修剪时，只需剪去枯枝和老弱枝条，不需剪短。由于老枝寿命短，须从基部重剪，以利于更新。

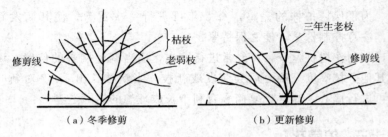

（a）冬季修剪　　　　　　　　　（b）更新修剪

图 8-57　锦带花修剪

以后每隔 2～3 年进行一次更新修剪，将 3 年生以上老枝剪去，以促进新枝生长。花后若不留种，应及时摘除残花、剪除残枝，既可增进美观，又可节省养分，促进枝条生长。

三十四、太平花

太平花（*Philadelphus pekinensis*）为绣球花科山梅花属植物，别名京山梅花、太平瑞圣花。

1. 生物学特性

丛生落叶灌木。株高 2～3 米。树皮栗褐色，裂成薄片状脱落。小枝紫褐色，光滑无毛。单叶对生，卵状椭圆形，长 3～6 厘米，基部三出主脉，叶缘有小锯齿。花带紫色，5～9 朵，顶生总状花序，花瓣 4 枚，具清香，花期 5～6 月份。蒴果近球形或椭圆形，果期 9～10 月份。同属还有山梅花、欧洲山梅花、绢毛山梅花等，均为优良的园林花木。

产于我国华北、华中地区，北京栽培较多。对土壤适应性强，能在干旱瘠薄的坡地上生长，也能耐微碱土，但以湿润、肥沃土壤为宜。耐寒，喜光，耐阴，怕涝。对二氧化硫有较强抗性。

枝繁叶茂，花色素雅，清香宜人，是初夏美丽的观赏花木。丛植于草坪、岔路口、建筑物前，孤植于花坛，或作绿篱，莫不相宜，各地庭园常有栽培。

2. 整形修剪（图 8-58）

冬季疏剪老枝、枯枝、过密枝等，保持树形整洁美观。

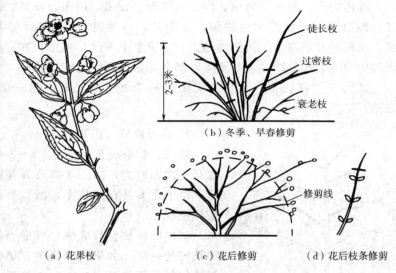

（a）花果枝　　　　　　（c）花后修剪　　　　（d）花后枝条修剪

图 8-58　太平花修剪

每年早春，疏剪衰老枝和过密枝，短剪徒长枝，促发新枝。花谢后，及时剪除花序和残花，以节省养分。枝条基部保留 2～3 枚芽。花后进行短截花枝。

日常修剪，及时剪除病虫枝、枯枝和徒长枝，注意保留新枝，有利于开花。

三十五、山茱萸

山茱萸（*Cornus officinalis*）为山茱萸科山茱萸属植物，别名山萸肉、蜀枣、药枣。

1. 生物学特性

落叶小乔木。树皮灰褐色，剥落。叶对生，椭圆形，先端渐尖，全缘。伞形花序簇状，顶生或腋生。早春时节开出满枝金黄色小花，花瓣小花蕊突出，花期 3～4 月份。核果椭圆形，红色至紫红色，果期 9～10 月份。

我国特产。分布于河南、湖北、陕西、甘肃、山东、安徽、浙江、四川等地。温带阳性树种。喜阳光，稍耐阴，较耐湿，喜肥沃、疏松的沙质壤土。树势强劲，对土壤要求不严，但是长在背阴潮湿的地方，或氮肥过多的地方，都会开花不好。

其具有"花黄金"之称。果实在秋季红熟，又有"秋珊瑚"之称。

修剪线

图 8-59　山茱萸冬季修剪

2. 整形修剪 （图 8-59）

修剪在冬季或花后进行。4～5 年进行一次强修剪，第二年即可开花旺盛。由于花多开在短枝上，所以要多培养短枝。

幼树的长枝长势旺盛，可适当短剪长枝的一半，如果过于强剪，第二年该枝条就不会开花，直至 3 年后才会开花。

三十六、吊钟花

吊钟花（*Enkianthus quinqueflorus*）为杜鹃花科吊钟花属植物，别名铃儿花。

1. 生物学特性

落叶、半常绿灌木或小乔木。枝轮生。叶簇生于枝梢，革质，倒卵状长圆形，全缘。落叶前或新叶未放前开花，通常 5～8 朵，伞形花序，顶生，下垂，花冠钟状，粉红色，花期 1～2 月份。蒴果有角棱（图 8-60）。

热带树种。喜温暖湿润、避风向阳的环境。自然生长地冬暖夏凉，雨量充足，林内湿度大，为腐殖质含量丰富且排水良好的酸性土壤。浅根性，萌蘖力强。

早春的新芽和秋季的红叶非常美观，生命力极强，为树篱的最佳树种，人工修剪成球形造型极为美观。

2. 整形修剪（图 8-61）

秋冬时节落叶后进行修剪。如果强剪，第二年春季就会形成徒长枝，导致树形杂乱。因此落叶后，不必进行强修剪，任其自然生长。

新梢长出后，6 月中旬进行修剪，到秋天就能欣赏到漂亮的红叶。

图 8-60　吊钟花花枝

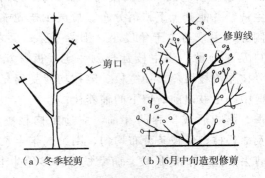

（a）冬季轻剪　　　（b）6月中旬造型修剪

图 8-61　吊钟花修剪

三十七、海州常山

海州常山（*Clerodendrum trichotomum*）为唇形科大青属植物，别名臭梧桐。

1. 生物学特性

落叶灌木或小乔木。高达 8 米。幼枝四棱，具黄褐色短柔毛。单叶对生，三角状卵形，长 5～16 厘米，先端尖，基部宽楔形，全缘或有波状齿。伞房花序，花萼紫红色，花冠白色或带粉红色，花期 7～10 月份。核果近球形，包藏于花萼内，成熟时呈蓝紫色，果期 9～11 月份。

原产于我国华北、华东、中南及西南各地区。性喜凉爽、湿润、向阳的环境，稍耐阴。有一定耐寒性，在北京小气候条件好的地方能安全越冬。耐干旱、瘠薄，但不耐积水。一般土壤均可生长，但在疏松肥沃、排水良好的土壤中生长旺盛。耐盐碱性较强，萌蘖性强。

花时白色，花冠后衬以紫红色的花萼，蓝紫色的果又被托在花萼之中，甚为美观。其花、果期长，是深秋观花和观果的优良花木。

2. 整形修剪（图 8-62）

当幼树的中心主枝达到一定高度时，根据需要剪截，留 4～5 个强壮枝作主枝，并使其上下错落分布。短截主枝先端，剪口下方留一下芽或侧芽，主枝与主干角度小，则留下芽；反之，留侧芽。过密的侧枝可及早疏剪。当主枝延长到一定程度、互相间隔较大时，留强壮分枝作侧枝培养，使主枝、侧枝均能受到充足的阳光照射。逐步疏剪中心主枝以前所留下的辅养枝。

每年秋季，落叶后或早春萌芽前，应适度修枝整形，疏剪枯枝、过密枝及徒长枝，使枝条分布均匀，则第二年生长旺盛，开花繁茂。随时剪去无用枝、徒长枝、萌蘖枝等。多年生老树须重剪，以更新复壮。

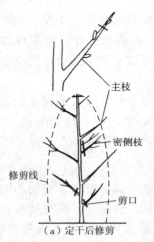

主枝

密侧枝

修剪线

剪口

修剪线

老枝

（a）定干后修剪　　　（b）冬季修剪

图 8-62　海州常山修剪

三十八、茉莉花

茉莉花（*Jasminum sambac*）为木樨科素馨属植物，别名玉麝、茶叶花。

1. 生物学特性

常绿灌木。高 1～3 米，幼枝绿色，细长扩展，匍匐状，枝、干、藤、茎被短柔毛。单叶对生，椭圆形或卵形，先端钝尖，长 1.5～8.5 厘米、宽 1～5 厘米，叶柄短，叶薄纸质，有光泽，叶面微皱，全缘，碧绿色。伞形花序，顶生或腋生，着花 3～9 朵，花冠长 1 厘米，白色，直径 2.5 厘米，夜间开花，清香持久，花期 5～10 月份（图 8-63）。

图 8-63　茉莉花花枝

产于我国西部和印度。最适生长温度25～35℃，越冬低温须在5℃以上。性喜光，也能耐半阴。在通风良好、半阴环境中生长最好，含有大量腐殖质的微酸性沙质壤土最为适合。畏寒，畏旱，不耐湿涝和碱土。

枝繁叶茂，株形玲珑，碧绿的翠叶，馨香的白花，给人以朴素淡雅的美，而且花香扑鼻，沁人心脾，可美化、净化、香化环境，花可熏制花茶、配制茶叶香精等，还可盆栽装点阳台、居室。

2. 整形修剪（图 8-64）

枝条萌发力强，春季换盆后经常摘心整形。在摘心的同时进行剪枝，剪除枯枝、衰老枝、瘦弱枝、病虫枝。在剪枝时还可进行整形。由于经过一段时间生长后枝条会出现参差不齐现象有损美观，所以要对特长的枝条进行短剪，谐调造型，提高观赏价值。

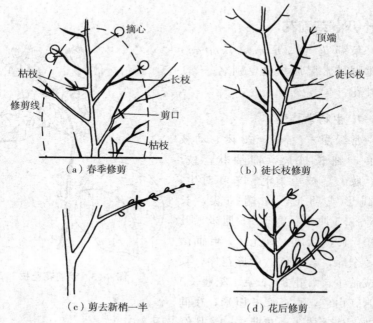

（a）春季修剪　　　　　　　（b）徒长枝修剪

（c）剪去新梢一半　　　　　（d）花后修剪

图 8-64　茉莉花修剪

4～5月份新枝抽生时，花蕊孕育，但发育不良，必须随时除去花蕊或剪去新梢的1/2。

两年后的植株基部会抽生不开花的徒长枝。为了使徒长枝转为花枝，可将其短剪。短截3对小叶枝条的顶端。剪口下会抽出4～8个新枝，并可在枝梢长出花蕊和开花。

叶腋内不长芽的枝条是不会生枝和长花蕊的，所以花后把枝条的上端和不长芽的叶片一起剪去，刺激枝条下端叶腋内的幼芽长枝育蕊。

盛花期后，需重剪更新，以利萌发整齐粗壮的新枝，开出旺盛的花朵。

三十九、米兰

米兰（*Aglaia odorata*）为楝科米仔兰属植物，别名米仔兰、茶兰、鱼子兰等。

1. 生物学特性

常绿灌木或小乔木。树姿秀丽，多分枝，幼嫩部分常有披星状锈色鳞片。植株高可达4～5米；盆栽呈灌木状，高70～100厘米。叶茂密，深绿而有光泽，奇数羽状复叶互生，总叶柄具狭长翼，小叶倒卵形，全缘，有大叶和小叶之分。花腋生，花小如米粒，金黄色，极香，花萼分裂，花瓣5枚，不同品种花期也不同，有的每年可开4次花，有的仅开1次，盛花期在夏秋时节。浆果卵形或近球形，种子有肉质假种皮，成熟期9月份，很难结实。

产于我国南部各省区，亚洲东南部也有分布。性喜温暖、湿润、阳光充足的环境，能耐半阴。土壤以疏松、微酸性为宜。不耐寒，除华南、西南外，需在温室盆栽，冬季室温保持在12～15℃，则植株生长健壮、开花繁茂。怕干旱，喜肥。对二氧化硫、氯气等有害气体有抗性。

枝叶繁茂，株形秀丽。开花时清香四溢，气味似兰花，深受人们喜爱，已成为我国北方家庭栽培最普及的木本盆栽花卉之一。宜植于庭园、花坛、花境，或作经济作物栽培。

2. 整形修剪（图 8-65）

幼苗开始进行整形，保留 15～20 厘米高的主干，不让主枝从地面丛生而出。为了控制树形和增加新枝条，可在新枝生长前进行摘心，或结合扦插进行修剪。开花后进行修剪。

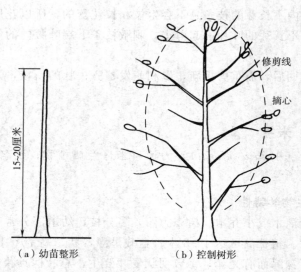

（a）幼苗整形　　　　　（b）控制树形

图 8-65　米兰修剪

四十、木芙蓉

木芙蓉（*Hibiscus mutabilis*）为锦葵科木槿属植物，别名山芙蓉、芙蓉花、拒霜花等。

1. 生物学特性

落叶灌木或小乔木。株高 2～5 米。枝条密生星状毛及短柔毛。叶掌状，单叶互生，3～7 掌状浅裂，基部心脏形，叶缘有浅锯齿，两面有星状毛。花生于枝顶叶腋，花径 10 厘米左右，花色早晨为白色而后逐渐变为浅粉色，傍晚变为紫褐色，花梗长 5～8 厘米，花期 8～10 月份。蒴果，扁球形，径 2.5 厘米，种子肾形，有毛易飞散，果期 12 月份。

原产于中国四川、湖南、云南、广东等地区。性喜土层深厚、排水良好的沙壤土。最适生长温度 20～25℃。喜光也能耐阴、耐水湿，不耐寒，忌干旱，在肥沃邻水地生长最盛。在苏浙一带，冬季植株地上部分枯萎，呈宿根状，翌春从根部萌发新枝。对二氧化硫、氯气等有害气体有较强抗性。花大色美，花色多变。宜植于庭园、路边、坡地，也可盆栽作室内装饰。

2. 整形修剪

长势强健，萌发力强，枝条一般多而杂乱，必须及时修剪抹芽。如果花蕾过多应适当疏剪一部分。修剪图示参照木槿。

四十一、棣棠

棣棠（*Kerria japonica*）为蔷薇科棣棠花属植物，别名黄榆梅、地棠、黄度梅。

1. 生物学特性

落叶灌木。株高 1～2 米。小枝绿色，光滑有棱，枝条弯曲。芽小，具有鳞片，单叶互生，卵形至卵状椭圆形，长 2～8 厘米，先端尖，叶缘有尖锐重锯齿，表面光滑，绿色；背面苍白色，疏生短柔毛，有托腋。花单生于短侧枝顶端，金黄色，花瓣 5 枚，也有重瓣，花期 4～6 月份。瘦果黑褐色，萼片宿存，干而小，果期 8～9 月份。

原产于中国和日本。我国秦岭以南分布较多。性喜温暖湿润气候和半阴环境，耐寒，较耐水湿，喜疏松肥沃、湿润且排水良好的中性土壤，在略偏碱的土壤和半遮阳的地方生长也较好。

枝青叶翠，花色金黄。植于水池岸边、假山石旁或草地一隅，夏观金花、冬赏翠枝，是优良的观花、观枝的花灌木。

2. 整形修剪（图 8-66）

花通常开在新枝顶端，因此花前修剪只宜疏枝，不可短截。但为了促使棣棠多萌发新枝、多开花，应在花谢后或秋末疏剪老枝、过密枝和残留花枝。如发现枯死枝梢，可随时剪除，以免蔓延。

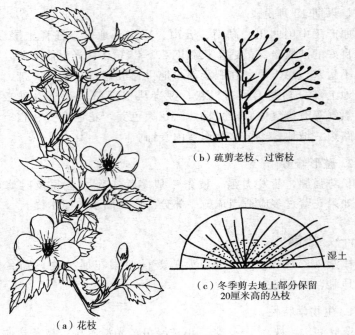

（b）疏剪老枝、过密枝

湿土

（c）冬季剪去地上部分保留
20厘米高的丛枝

（a）花枝

图 8-66　棣棠修剪

由于棣棠萌蘖力强、枝条密，故每隔 2～3 年应更新修剪一次。越冬时，保留地面上 20 厘米高的丛枝，其余全部剪去。再用湿土堆埋，以利于越冬，并促使第二年多发新枝、多开花。

四十二、珍珠梅

珍珠梅（*Sorbaria sorbifolia*）为蔷薇科珍珠梅属植物，别名八本条、高楷子。

1. 生物学特性

落叶丛生灌木。株高 2～3 米，枝条开展。冬芽红色。奇数羽状复叶互生，小叶椭圆状披针形，13～21 片，边缘有尖锐重锯齿。花白色，顶生大型圆锥花序，密集，花瓣 5 枚，花期 6～7 月份。蓇葖果，长圆形，无毛，果期 8～9 月份。

产于华北，现各地都有栽培。性耐寒，喜光，也耐半阴。对土壤要求不严，但喜肥沃湿润土壤。萌蘖性强，耐修剪。对二氧化硫有害气体有较强抗性。

树姿秀丽，花序繁茂，花蕾圆形白亮如珠，夏日花开似梅，衬以清秀的绿叶，潇洒雅致，花期甚长，可达 3 个月之久，是夏季优良的观赏花木。适于作园林行道树，也可在庭园岩石假山旁片植。

2. 整形修剪（图 8-67）

萌蘖性强，耐修剪。定植后的幼苗，为了促使其多生分枝，发展根系，应进行轻度短截。第二年早春重短截，使其发出 3～5 个强健的 1 年生枝条。在生长期应适当摘心、剪梢。3～5 年整株挖出，剪除枯枝、老枝后再植，有利于更新。

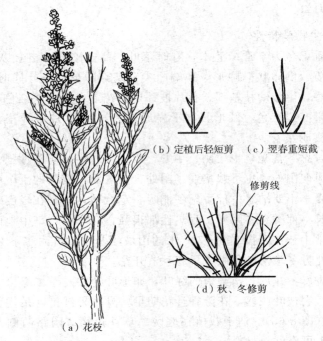

（b）定植后轻短剪　（c）翌春重短截

修剪线

（d）秋、冬修剪

（a）花枝

图 8-67　珍珠梅修剪

花后，及时剪除残留花枝，以减少水分及养分消耗。树丛内的强壮枝条，要常摘心、剪梢。注意剪口下方，留外芽，以利于树丛内部通风透光，使其多生二次枝，以增加第二年开花量。对树丛内过大的粗壮枝条要及时回缩修剪，即从地面疏剪，以促使一年生新枝填补空隙。

落叶后冬剪，注意疏剪老枝以更新复壮。如不分株应及时剪除萌蘖枝。及时剪除残花。疏剪树丛内过密枝、拥挤枝、老枝、病虫枝、无用枝、枯萎枝等，促使第二年花繁叶茂。避免夏季修剪，否则会减少花芽的产生。

四十三、郁香忍冬

郁香忍冬（*Lonicera fragrantissima*）为忍冬科忍冬属植物，别名四月红。

1. 生物学特性

郁香忍冬为半常绿灌木，有时落叶，高达 2 米，老枝灰褐色。叶厚纸质，倒卵状椭圆形，顶端凸尖，基部圆形。花叶同时开放，花有芳香，生于幼枝基部，苞片披针形，花冠白色或淡红色，花柱无毛。果实鲜红色，圆形，种子扁形褐色，2～4 月份开花，4～5 月份果实成熟。

郁香忍冬喜光，也耐阴、耐寒、耐旱、忌涝，萌芽性强。可栽培在通风向阳处，也可栽培在半阴处，在湿润、肥沃的土壤中生长良好，夏季不要缺水。郁香忍冬能耐一定盐碱，适宜在轻度碱性土壤中生长。郁香忍冬耐寒、耐热性都很强，在华南、华中地区均可生长，常生长在海拔 200～700 米的山坡灌丛中。可耐零下 20℃ 的寒冷，北方冬季落叶休眠，早春季节开花。

郁香忍冬花后长出鲜嫩的绿叶，卵形叶片在夏季翠绿可人，煞是可爱。它枝叶茂盛，花芳香且花期早，夏季果红艳，是优美的观赏灌木（图 8-68）。适于栽植在庭院、草坪边缘、园路两侧及假山前后，也可作盆景材料。

2. 整形修剪（图 8-69）

郁香忍冬萌蘖性强，在秋天落叶之后，剪除枯枝和过密枝条，可促进通风透光，增加来年开花数量。郁香忍冬要以轻剪、疏剪为主，但是树龄较长的弱树则需要重剪，以便尽快恢复树势。郁香忍冬因枝条梢端下垂，修剪时为使冠形对称需注意留芽方向，首先留上芽，再在具有新枝发展空间的方向留芽，还可以通过修剪控制生长高度 2 米左右。

图 8-68　郁香忍冬果枝

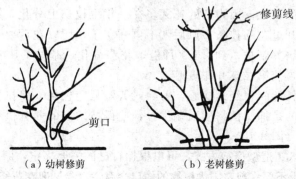

（a）幼树修剪　　　　　（b）老树修剪

图 8-69　郁香忍冬修剪

四十四、云南黄素馨

云南黄素馨（*Jasminum mesnyi*）为木樨科素馨属植物，别名：云南黄馨、云南迎春、南迎春。

1. 生物学特性

常绿灌木，丛生状，小枝四棱，光滑无毛，细长拱形下垂。叶对生，小叶 3，叶片纸质，长卵形。花单生于叶腋或小枝端，花冠黄色，漏斗状，花瓣较花筒长，花期 3～4 月份，碧叶黄花，是深受人们喜爱的美丽植物。喜温暖湿润和充足阳光，稍耐阴，怕严寒和积水，以排水良好、肥沃的酸性沙壤土最好。宜植于腐殖质丰富的沙壤土及水边、堤坝、驳岸、路边、坡地，或制作人工支架和绑扎各种造型。可以分株、扦插、压条繁殖。原产于云南，现中国各地均有栽培。

2. 整形修剪

云南黄素馨易栽培，适应性强、萌芽力强、萌蘖力强，所以较耐修剪。

秋冬季可剪除枯枝、杂乱枝、老枝和无用弱小枝，其目的在于整个过冬期，不让养分浪费掉。

主要是开花后修剪，也就是花谢之后，对所有的开花枝进行短截，一般仅留 2～3 个芽，主枝可适当多留几个芽，促使基部的腋芽萌发抽生新枝。因为它的花芽多在一年生枝条上分化，第二年早春开花。开过花的枝条，以后就不再开花了，所以花后要将花枝剪去，重新培养新枝，到 8～9 月份，花芽分化，基部的腋芽萌发而抽生新枝，使第二年开花更盛。

在生长期间要经常摘心，剪除或剪短某些枝条，保持树形。这样做的目的是抑制植物的顶端优势，使得枝条上的养分供给更多叶子和花蕾（图 8-70）。

其他人工造型修剪方式，可以根据自己的需要来定，原则是粗壮的主要枝干不要修剪，因为植物的伤口会腐烂（参见迎春花修剪视频）。

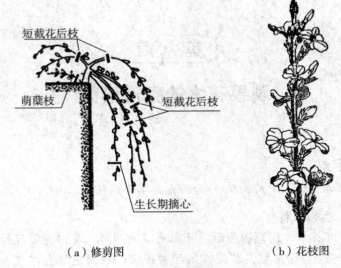

短截花后枝

萌蘖枝

短截花后枝

生长期摘心

（a）修剪图　　　　　　　（b）花枝图

图 8-70　云南黄素馨修剪、花枝图

第九章

观果花木的整形修剪

一、苹果

苹果（*Malus pumila*）为蔷薇科苹果属植物。

1. 生物学特性

落叶乔木。树冠椭圆形。叶卵形或椭圆形。花白色带红晕。果大，7～11月份成熟。苹果栽培品种很多，我国主要有红富士、国光、青香蕉、元帅、金帅、红玉、红星等。

性喜光，适宜冷凉及干燥的气候和深厚肥沃、排水良好的土壤。

花开成片，极为美观；硕果累累，色彩鲜艳。如将各种苹果嫁接于同一树冠，观赏效果更好。苹果是园林绿化中观花、观果的优良树种。为了克服自花不孕的缺点，宜在花期采用不同品种的花枝插于水瓶中、挂在需要的果树上；让昆虫帮助授粉，也能收到良好的效果。

2. 整形修剪（图 9-1～图 9-3）

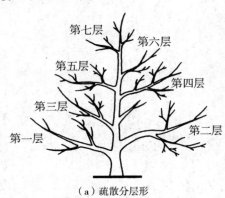

（a）疏散分层形

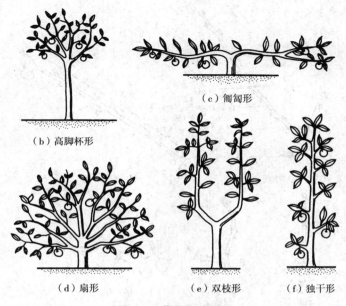

（b）高脚杯形

（c）匍匐形

（d）扇形　　　（e）双枝形　　　（f）独干形

图 9-1　苹果各种树形

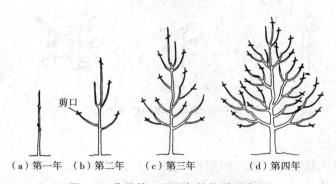

剪口

（a）第一年　（b）第二年　（c）第三年　　（d）第四年

图 9-2　苹果第一至四年的修剪示意图

　　幼树定干截顶后，用剪口枝芽来培养中央领导枝，使树冠向上生长。通过逐年修剪后，使第一层主枝从主干上生出来，第二层主枝从中央领导枝上生出；第三层主枝从中央领导枝的延长枝上生出，创造上、中、下三层树冠，使主枝的分布上下错落有致，具有

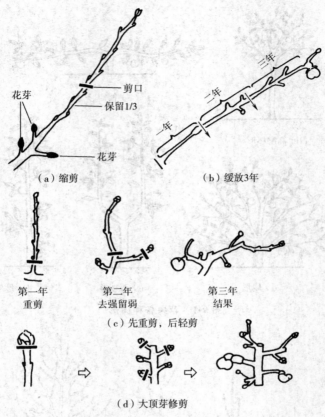

（a）缩剪

（b）缓放3年

第一年
重剪

第二年
去强留弱

第三年
结果

（c）先重剪，后轻剪

（d）大顶芽修剪

图9-3　苹果的不同修剪方法

良好的观赏效果。

　　夏末秋初，对细小的徒长枝进行摘心。落叶后，直到第二年早春萌芽前，对主枝及其他一年生枝条进行短截、疏剪和长放，以利于阳光射入冠内进行正常光合作用，保证花芽分化和果实正常发育，提高观赏效果。同时剪除交叉枝和平行枝，节省体内营养物质，供花芽分化。

　　定植后4年的植株，有些枝条的顶芽及顶芽下面的几个侧芽已分化为花芽，切勿短截。

二、白梨

白梨（*Pyrus bretschneideri*）为蔷薇科梨属植物，别名稚梨、罐梨、慈梨、莱阳梨、秋梨。

1. 生物学特性

落叶乔木。树冠圆球形。单叶互生，卵形或椭圆状卵形，叶缘有尖锯齿。花白色，伞形花序，4 月份开放。果实球状卵形，黄色，9 月份成熟，种子黑色。

分布于黄河流域，喜沙质壤土。播种、嫁接繁殖。

开花时满树洁白，如雪似锦，秋季果实累累，是园林绿化的优良树种。如将各种梨树品种嫁接于同一树冠，观赏效果更佳。

2. 整形修剪（图 9-4～图 9-6）

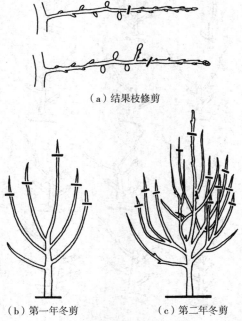

（a）结果枝修剪

（b）第一年冬剪　　　　　（c）第二年冬剪

图 9-4　白梨修剪

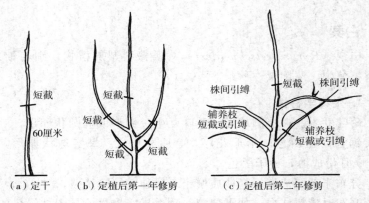

（a）定干　（b）定植后第一年修剪　（c）定植后第二年修剪

图 9-5　白梨的定干修剪

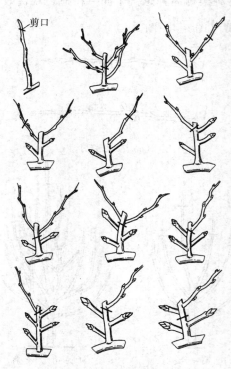

图 9-6　白梨各种果枝的修剪

冬季修剪。当幼树长到 70～100 厘米时截顶定干。以后逐年将中央领导枝短截，在剪口下选留 2～3 个生长健壮、和第一层主枝方向不重叠的侧枝。对干扰主枝生长的其他枝应疏剪或短截，使树冠疏散又丰满美观。随着树冠的不断扩大，每年冬季将主枝和各侧枝的延长枝剪去 1/4 或 1/3。短剪生长过密的、内向生长的侧枝。

进入盛果期后，树冠生长量减少，应剪去冠内的拥挤枝、过密枝，但留其一段短桩刺激枝条基部的隐芽萌发，从而形成短果枝或短果枝群。

对衰老的短果枝群，应疏剪枝端的短果枝，促使新的短果枝萌发。对结果极少的老树，短剪到大主枝基部，使其重新萌发新枝来更新。

三、李

李（*Prunus salicina*）为蔷薇科李属植物，别名玉皂李、山李子、嘉庆子。

1. 生物学特性

落叶小乔木。圆球形树冠。单叶互生，短圆状倒卵形或椭圆状倒卵形。花白色，3～4 月份开放，通常 3 朵簇生（图 9-7）。核果球状卵形，黄色、红色、淡红色或紫色，外被白粉，有时为青色，7～8 月份成熟。

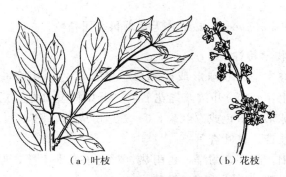

（a）叶枝　　　　　（b）花枝

图 9-7　李的叶枝和花枝

性耐寒，怕涝，对光要求不严，在阴处也可生长。喜排水良好的沙质壤土，在碱地、洼地生长不良。嫁接、分蘖、播种繁殖。嫁接采用桃、梅、杏和李的实生苗作砧木，可在 7 月中下旬进行"丁"字形芽接。

由于开花较早，春季满树白花，夏季果实累累，美丽诱人，常作为观赏树种栽植于庭园之中，如将各品种李嫁接于同一树冠，观赏效果更佳。

图 9-8 李花束状果枝多的枝组的回缩修剪和疏剪

2. 整形修剪（图 9-8）

冬季修剪。在结果初期，选留中心主枝，并短截。对生长充实的一年生枝条可剪去 1/3 左右，第二年在短截后的枝条上就可长出 2～3 个中果枝，或发育数个短果枝和花束状果枝，其结果可靠。主枝的延长枝最好留一个。靠近延长枝生长的平行枝条，应从基部剪去。衰老的短枝宜及时剪去，选留附近萌发的新枝来代替它们。

四、杏

杏（*Prunus armeniaca*）为蔷薇科李属植物。

1. 生物学特性

落叶乔木。树冠球形或椭圆形。单叶互生，叶阔卵形或圆卵形。花单生，4 月份开放，先花后叶，开始微显红色，后渐淡变白色。果实球形，黄色或有红晕，6～7 月份成熟（图 9-9）。变种有：山杏、垂枝杏、斑叶杏等。

性喜阳，耐寒，耐旱，也耐热，对土壤要求不严，但以轻壤土为好。不耐涝。播种或嫁接繁殖。

图 9-9　杏的花枝和果枝

花稠密而美丽，园林绿地中多成片栽植以供观赏。在庭园中，如将杏的各品种枝条嫁接于同一树冠会取得更好的观赏效果。

2. 整形修剪（图 9-10、图 9-11）

树体较高大，主干也相当粗壮。幼龄时生长较旺盛，对侧主枝的延长枝和健壮的发育枝短剪全枝的 1/3～2/5。疏剪过密枝和徒长枝。幼树不要修剪过重，应多留小枝作辅养枝，加速树冠成形、早结果。随着树龄不断增长，结果逐年增多，而发枝力随之减弱，因

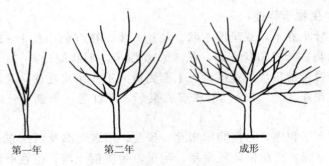

第一年　　　　　第二年　　　　　　成形

图 9-10　杏定植后整形修剪

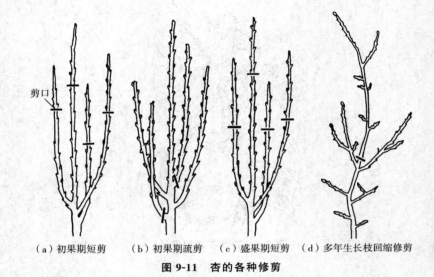

剪口

（a）初果期短剪　　（b）初果期疏剪　　（c）盛果期短剪　　（d）多年生长枝回缩修剪

图 9-11　杏的各种修剪

此应随树龄增长而逐渐加重短剪。一般的结果枝，应根据生长势的强弱留 10～30 厘米。对衰老的结果枝应进行更新或重剪，促使基部侧芽萌发代替老枝。对衰老树应强剪，促进恢复树势。

五、山楂

山楂（*Crataegus pinnatifida*）为蔷薇科山楂属植物，别名山里红、红果。

1. 生物学特性

落叶小乔木，或呈灌木状。高达 6 米。枝有刺，长 1～2 厘米，极少无刺。叶三角状卵形，长 5～10 厘米，羽状裂片 5～9 裂，边缘具尖锐稀疏不规则重锯齿，上面光滑无毛。伞房花序，顶生，花白色，花期 5～6 月份。果球形或梨形，深红色，果期 9～10 月份（图 9-12）。

原产于我国，目前我国东北、华北、华东北部及西北东部均有栽培。喜光，稍耐阴，较耐寒，耐旱，耐贫瘠土壤，但在肥沃、土层深厚、湿润、排水良好的微酸性沙质壤土中生长旺盛，在低洼地及碱性土上生长较差，易得黄叶病。根系发达。

山楂树形圆满优美，初夏花繁叶茂，秋季红果累累，是观花、赏果和园林结合生产的优良树种，也可用作行道树或庭荫树。

2. 整形修剪（图9-13、图9-14）

山楂可采用疏散分层形、自然圆头形或自然开心形树形。整形修剪应注意调整偏冠的树形。

果枝

花枝

图9-12　山楂的花枝和果枝

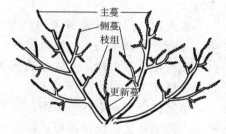

主蔓

侧蔓

枝组

更新蔓

图9-13　山楂多主蔓无干自然扇形修剪

修剪线

（a）初果期修剪

新枝

修剪线

（b）盛果期修剪

图9-14

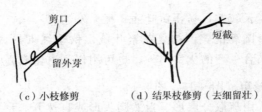

（c）小枝修剪　　　　　（d）结果枝修剪（去细留壮）

图 9-14　山楂的各种修剪

幼树期间，以轻剪多留为原则，短剪竞争枝和直立枝。下一年去强留弱或缓放，中心干延长枝短截，剪口处芽的方向与上一年的相反，以矫正其偏斜现象。主、侧枝的延长枝，应短剪留外芽，以开张角度。

初果期，短截各级骨干枝的延长枝，以保持从属关系和平衡树势。疏剪过密枝、拥挤枝，或回缩改造成大型结果枝，疏剪过密的细枝。

盛果期，应注意改善通风透光条件，对树冠外围新枝进行短截，加强营养枝生长。回缩修剪复壮结果枝组。剪除过密枝、重叠枝、交叉枝、病虫枝。大枝先端下垂时，可轻度回缩，选留侧向或斜上分枝带头。

结果枝修剪，应剪弱留强，去细留壮，以调整枝组密度。短截枝组内的强壮枝，作预备枝，以防出现大小年现象。

注意合理利用徒长枝，可通过短截及夏季摘心，将徒长枝培养成结果枝组。

六、火棘

火棘（*Pyracantha fortuneana*）为蔷薇科火棘属植物，别名火把果、救军粮、红籽。

1. 生物学特性

常绿、半常绿灌木或小乔木。树冠椭圆形。枝条拱形下垂，短侧枝刺状。单叶互生，倒卵形至长圆形，先端圆或微钝或微凹下，边缘有钝锯齿，叶面浓绿色，蜡质，稍有光泽，长 1.5～6.0 厘米。

复伞房花序,花序径 3～4 厘米,花梗长约 1 厘米,无毛,萼片三角状卵形、宿存,花瓣长约 4 毫米,花白色,花期 5～6 月份。梨果近球形,径 0.5 厘米左右,深红色,果期 9～11 月份,果实经久不落。有果橙黄色及橙红色的栽培品种,同属种有窄叶火棘、全缘火棘、细圆齿火棘、西南细圆齿火棘等,分布在全国各地区,均为园林常见观赏树种。

产于陕西、甘肃及黄河以南地区。性喜温暖湿润、阳光充足的气候,稍耐阴,对土壤要求不严,但以肥沃的酸性、中性土壤为宜。适应性强,瘠薄、干燥处也能生长。

枝叶茂盛,白花繁密,入秋果红如火,且留存枝头甚久,密密层层,压弯枝梢,经冬不落,是露地栽植观花、观果的好材料。宜孤植、对植于花坛,丛植于草坪,散植于林缘、山坡、溪畔,或点植于建筑物周围,或作绿篱,或作境界植物,秋冬红果,别致宜人。

2. 整形修剪(图 9-15、图 9-16)

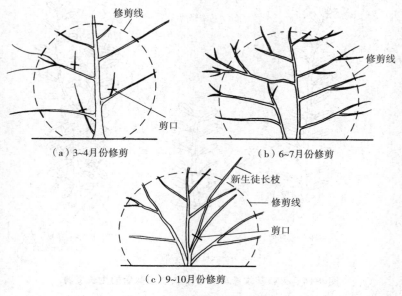

(a)3~4月份修剪

(b)6~7月份修剪

(c)9~10月份修剪

图 9-15　火棘不同时期的修剪

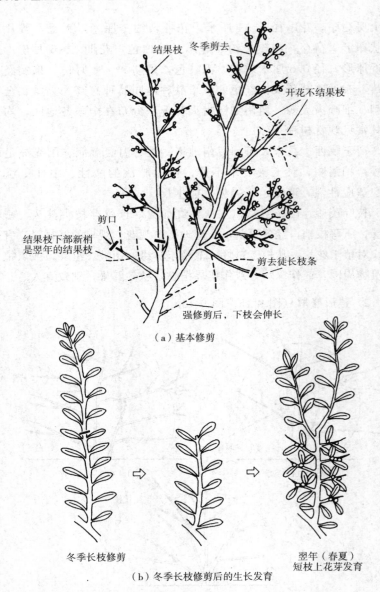

结果枝

冬季剪去

开花不结果枝

剪口

结果枝下部新梢
是翌年的结果枝

剪去徒长枝条

强修剪后，下枝会伸长

（a）基本修剪

冬季长枝修剪

翌年（春夏）
短枝上花芽发育

（b）冬季长枝修剪后的生长发育

图 9-16　火棘基本修剪和冬季长枝修剪后的生长发育

萌芽力强，枝密生，生长快，耐强修剪。一年中可在 3～4 月份、6～7 月份及 9～10 月份进行 3 次修剪。3～4 月份，进行强修剪，以保持优良的观赏树形；6～7 月份，可剪去一半新芽；9～10 月份，剪去新生徒长枝条。

生长 2 年后的长枝上短枝较多，花芽也多。根据造型需要，剪去长枝先端，留其基部 20～30 厘米即可，以控制树形。

平时应随时剪除徒长枝、过密枝、枯枝，以利于枝条粗壮、叶片繁茂。

如制作盆景，经过一个生长周期定型后，剪出层次，不断提根，便可制出优美的盆景。

七、杨梅

杨梅（*Morella rubra*）为杨梅科杨梅属植物。

1. 生物学特性

常绿乔木或灌木。高可达 10 米以上，树冠球形。树皮幼时平滑，灰褐色，大树浅裂。单叶互生，多簇生于枝梢顶端，厚革质，倒卵形，先端钝，基部楔形，全缘或上半部有粗锯齿，表面深绿色、有光泽。花，雌雄异株，雌花序圆柱形生于叶腋，花黄红色，雌花轴长 6～26 毫米，轮生（10～15 朵，柱头红色）或"十"字形；雄花轴长 33～67 毫米，有花 10～40 朵，雄蕊密集，呈鲜红色。雄株的树形比雌株雄伟高大。核果球形，外果皮暗红色，多数囊状体密生而成，内果皮坚硬。4 月份开花，6～7 月份核果成熟。

原产于江苏、浙江、广东、广西、湖南等地。喜温暖湿润气候，耐阴，不耐强烈日照。喜排水良好的酸性土，微碱性土壤也能适应。不耐寒。深根性，萌芽力强。

果实美味，树冠造型优美，枝叶茂密，四季常绿，雄花大而长、红色，是观果和庭院绿化的优良树种。

2. 整形修剪 （图 9-17）

杨梅定干后，春梢生长时留 3～5 个各方向分配均匀的主枝。

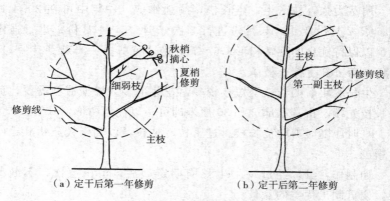

（a）定干后第一年修剪　　　　　　（b）定干后第二年修剪

图 9-17　杨梅修剪

夏梢长出时在主枝上保留 1～2 个主枝，如发生秋梢，应及时摘心，剪除细弱枝条，促使早日充实。

第二年在各主枝上留出副主枝，使其早日成为结果枝。第三年在第一副主枝的另一侧选留第二副主枝。3～5 年后形成一个完整的树冠造型。

每年对 20% 结果枝进行短截，使其重新抽生出强壮的春梢或夏梢，促进第二年开花结果。树势衰老时可进行更新修剪。利用杨梅隐芽萌发力强的特性进行适当短截更新。

八、水栒子

水栒子（*Cotoneaster multiflorus*）为蔷薇科栒子属植物，别名多花栒子。

1. 生物学特性

落叶灌木。高 2～4 米。小枝红褐色，拱形。单叶互生，卵形或宽卵形，长 2～5 厘米，先端圆钝，基部近圆形，全缘，幼时下面有柔毛，后光滑。花白色，6～21 朵，成聚伞花序，花期 5～6 月份。小梨果近球形或倒卵形，红色，果期 6～9 月份。

广泛分布于东北、华北、西北和华南各地区。性强健，耐寒性强，喜光，稍耐阴，耐干旱、瘠薄，也耐修剪。对土壤要求不严，在疏松肥沃、排水良好的土壤中生长较好。

枝繁叶茂，春末白花盛开，入秋红果满枝，是优良的观花赏果树种之一。

2. 整形修剪（图 9-18）

秋季落叶后至早春萌芽前对植株进行适当修剪，疏剪去枯枝、过密枝、细弱枝及徒长枝，以使枝条分布均匀，保持圆形树冠，提高观赏价值。

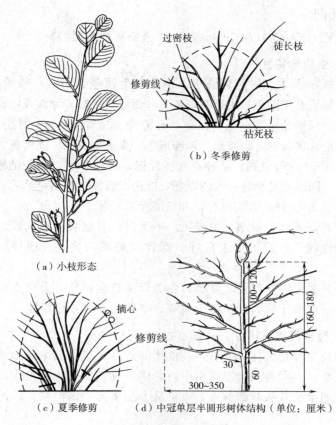

（a）小枝形态

（b）冬季修剪

（c）夏季修剪

（d）中冠单层半圆形树体结构（单位：厘米）

图 9-18 水栒子修剪

夏季修剪，主要是将当年生新枝进行适当摘心，抑制枝条生长，节省养分，促进花芽分化。疏剪徒长枝，也可将徒长枝进行强短截，促生新侧枝，利用这些新侧枝作第二年的开花枝或作更新枝使用。

衰老枝条可逐年疏剪掉。对于多年失修的老株，枝条过密的可将一部分枝条自基部留 10～30 厘米强修剪，促发新枝。当新枝长到一定长度时进行摘心，促进生长侧枝。而后可将老枝疏剪掉，达到更新复壮的目的。

九、枇杷

枇杷（*Eriobotrya japonica*）为蔷薇科枇杷属植物。

1. 生物学特性

常绿小乔木。树冠近圆形。小枝密生锈色绒毛。叶革质互生，倒披针形或长椭圆形，尖端有锯齿，叶面绿色多皱，背面及叶柄密生棕色毛。圆锥花序，小花黄白色，有芳香，具有绒毛，9 月份开花。果实圆形、椭圆形、扁圆形、倒卵形等，果皮橙黄色、淡黄色，果实第二年 4～6 月份成熟。品种有红沙枇杷，果肉橙色；白沙枇杷，果肉白色。同属观赏种还有台湾枇杷，叶薄，背面生有锈色绒毛，果型小，种子 3～4 颗；云南枇杷，叶平滑无毛，种子 1～2 颗。

喜光，耐阴，耐寒，怕强风，不耐旱。喜温暖湿润气候。对土壤适应性较广，适于排水良好、富含腐殖质的壤土。播种、嫁接繁殖。

果甘美可口，春夏之际金黄色的果实挂满树枝，是优良的观果树种。可孤植于庭园，丛植于池畔、亭隅、草坪边缘等处。

2. 整形修剪（图 9-19～图 9-21）

当顶芽发育成花房以后，花群集开放，为了得到丰硕的果实食用和观赏，一般是从圆形花房中疏除部分果实。因为分枝少，可将不美观的杂乱枝从基部剪去。也可从上至下剪去横向枝，以形成上升树冠。

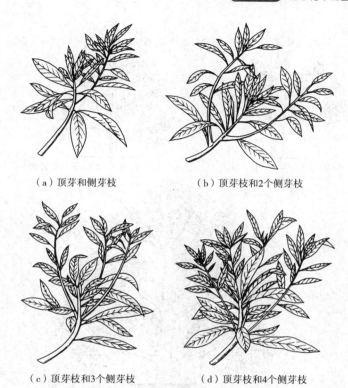

（a）顶芽和侧芽枝

（b）顶芽枝和2个侧芽枝

（c）顶芽枝和3个侧芽枝

（d）顶芽枝和4个侧芽枝

图 9-19 枇杷顶芽枝和侧芽枝的生长关系

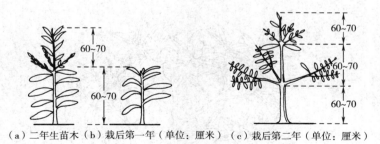

（a）二年生苗木（b）栽后第一年（单位：厘米）（c）栽后第二年（单位：厘米）

图 9-20

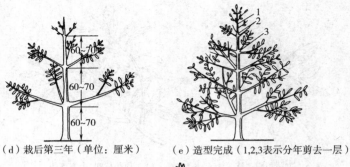

（d）栽后第三年（单位：厘米）　　（e）造型完成（1,2,3表示分年剪去一层）

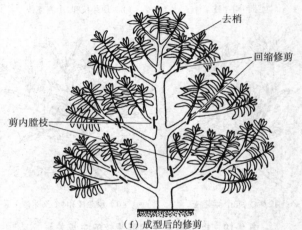

去梢

回缩修剪

剪内膛枝

（f）成型后的修剪

图 9-20　枇杷主干形造型的修剪

图 9-21　枇杷果期不伤果实的修剪

十、金柑

金柑（*Citrus japonica*）为芸香科柑橘属植物，别名金枣、罗浮、牛奶金柑、枣橘、长实金柑。

1. 生物学特性

常绿灌木或小乔木。树冠圆形或半圆形。单身复叶互生，长卵状披针形。花白色，有芳香。果实小，橙黄色或金黄色，近矩圆形，果皮、果肉均可食，味甜。同属观赏种还有山金豆、圆金柑、长叶金柑等，杂种有金弹、月月橘等，均为园林观果树种。

喜温暖湿润气候、光照充分的环境和肥沃的微酸性土壤。耐旱，稍耐阴。播种、嫁接繁殖。

在南方终年碧绿，果实鲜艳，春夏之际洁白的花开满树枝，香气四溢，花后果实由绿变黄，金色果实挂满枝条，是庭园绿化珍贵的观花、观果树木。散植、丛植均可，也适宜盆栽观赏。

2. 整形修剪（图 9-22、图 9-23）

早春新芽萌发之前进行修剪。夏秋整形，主干高度留 30～60 厘米。对已长出侧枝的幼树，保留 3～5 个长 60 厘米以上的侧枝，并使其分布均匀，对它们进行短截，以此来培育中央领导枝和主枝。

幼龄树上小而下垂的侧主枝结果较多，应尽量少剪或不剪。成年树也应轻剪，冬春进行短截，夏秋进行疏剪。对老树冠外围抽生的徒长枝，可短

修剪线

图 9-22　金柑的基本修剪

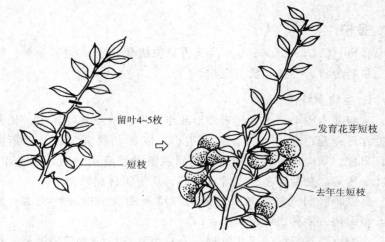

（a）结果枝修剪

留叶4～5枚

短枝

发育花芽短枝

去年生短枝

留大果

剪除小果

（b）疏果

图 9-23　金柑的结果枝修剪和疏果

截保留基部 2～3 枚芽。

　　为了解决大小年结果问题，可在果后对结果枝进行短截。中等长度的枝其顶芽都是花芽，不能短截。但很长的枝条上的腋芽能分化成花芽，可稍加短截。

　　为了促进春梢的粗壮生长，保持树冠的丰满，要疏去分枝上过密的芽。主干上的定芽除了着生位置较高的，将来可以补充树冠外，其他的可以全抹掉。对过密的结果枝应适当疏剪。坐果后，可疏果一次，每枝保留3～4个果为宜。当年结果的植株一定要认真修剪；第二年结果的植株可不修剪，以利于加快植株生长。

十一、柿

柿（*Diospyros kaki*）为柿科柿属植物，别名朱果、猴枣。

1. 生物学特性

落叶乔木。树冠椭圆形或圆锥形。叶互生，革质，表面深绿色、有光泽，背面淡绿色，长圆形、倒卵形或宽椭圆形。花杂性同株，单生或聚生于新生枝条的叶腋中，黄白色。5～6月份开花。果实扁圆形、卵形或方形，成熟时果皮橙色、红色、鲜黄色等。

喜温暖湿润的气候，也耐寒。对土壤要求不严，但喜肥沃土壤，以疏松肥沃土壤为好。嫁接、播种繁殖。

树形优美，叶大浓绿而有光泽，秋叶变红，果熟时橙红色，久挂枝头，叶、果俱佳，是观叶、观果的优良绿化树种。可作园景树及行道树。

2. 整形修剪（图9-24、图9-25）

冬季修剪：幼时选择主干上生长旺盛的顶端部分枝作为中央主枝，其下面的2～3个枝当主枝后补。树冠成形后，整理弱枝，留生长好的枝，再剪去1/3。

成年树整形要避免树体生长势的衰弱。一般花芽在上一年充实枝的顶部发育，而长的徒长枝、弱枝、结果

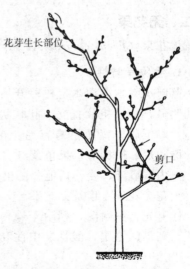

花芽生长部位

剪口

图9-24　柿的冬季整形修剪

枝不发育花芽。果多的长枝要注意疏果，以免枝条被压断。

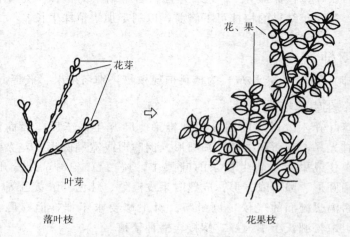

落叶枝　　　　　　　　　　　　　　　　　花果枝

图 9-25　柿的落叶枝修剪后长成花果枝

十二、无花果

无花果（*Ficus carica*）为桑科榕属植物。

1. 生物学特性

落叶小乔木或灌木。树冠开展呈圆球形，树高 2～6 米。树干皮孔明显，小枝粗壮直立。叶掌状 3～5 裂，基部常为心形，大而粗糙，厚纸质，背面粗糙有毛。花隐于花托内，故称"无花果"。果形椭圆形、倒卵形，果色紫红、黑紫、红、粉红、黄等，味甜可食。体内有乳汁，受伤后能分泌出白色黏性乳汁。品种有矮生无花果、大花无花果、埃及无花果。

性喜光，稍耐阴，稍耐干燥，不甚耐寒。喜温暖气候和深厚、肥沃、稍黏的土壤，酸性、中性和石灰性土壤均能适应。生长快，抗污染。

宜植于园路旁、草坪、池畔及建筑物周围，可增景添色。

2. 整形修剪（图 9-26）

幼树生长很快，隐芽寿命长，潜伏芽很多。冬季修剪时一般定干高为 40～60 厘米。整形时应对各级主枝的延长枝进行短截，以促侧芽萌发而形成健壮的侧枝，促使树冠丰满。由于发枝能力弱，冠内小枝多不进行疏剪。

成龄树，短截过长枝，剪除细弱枝条。利用其他侧枝隐芽萌发后所产生的新枝来代替其结果。全部小侧枝均不要短

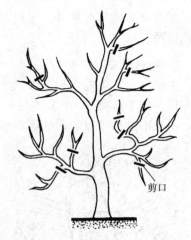

图 9-26　无花果冬季修剪

截，而对侧主枝的延长枝应适当短截，防止树膛中空。

顶芽萌发力强，抽梢后生长也相当旺盛，但会影响侧枝的形成，因此在夏季应对侧枝的延长枝进行摘心，留枝长 30～50 厘米。之后的二次枝（夏梢）仍可结果。

春天萌芽前，将冠内杂枝剪除，以保证树枝间有足够的生长空间。

十三、枣

枣（*Zizyphus jujuba*）为鼠李科枣属植物，别名大枣、枣子、枣树、刺枣。

1. 生物学特性

落叶乔木或灌木。树冠椭圆形。叶长圆状卵形至卵状披针形，具 3 主脉。花黄色，2～3 朵簇生于叶腋，花期 4～5 月份。核果红色，卵形或长圆形，8～9 月份成熟。

全国各地均有栽培。喜光，耐热，耐寒，耐干旱、瘠薄的土壤。播种、分株、嫁接繁殖。

枣为良好的蜜源树种。可植于庭园宅旁，也是城郊山区良好的绿化树种。

2. 整形修剪（图 9-27）

主干高达 1 米左右时，在其先端留 2～3 个侧枝，作为第一层侧主枝，向上每隔 30 厘米再留一层侧主枝，使上下侧主枝交错分布。不用的侧枝可以短截成辅养枝。树生长到 2～3 米时截顶。

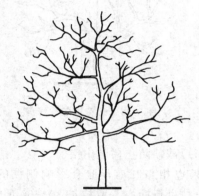

图 9-27　枣的疏散分层形树冠

成龄以后，每年 3～4 月份，剪去内膛枝、病虫枝和过密的徒长枝。对衰老的枣树多留新梢，少剪大枝，轻疏过密的小枝和二次枝，从而刺激萌发新梢，补充树冠。5 月下旬至 6 月上旬，对树冠内部主枝基部和少数外围的发育枝进行摘心短截，以节省养分，增加坐果率，促进果实发育。

十四、石榴

石榴（*Punica granatum*）为千屈菜科石榴属植物，别名花石榴、安石榴、丹若、若榴木、山力叶。

1. 生物学特性

落叶灌木或小乔木。树冠椭圆形。叶互生，倒卵形。花顶生或腋生，有红、黄、白、粉红等多种色，花期 5～9 月份。果实球形，红黄色，顶端有宿萼。品种有果石榴、花石榴、小石榴，还有常年开花不断的四季石榴。

热带、亚热带树种。好光，喜温暖气候，耐瘠薄、干旱，适生于石灰质土壤中。2～3 月份播种繁殖。

树干强壮古朴，枝叶浓密，丛株团团凝红，鲜艳夺目。在庭园中可植于阶前、庭间、草坪外缘，点缀花坛，或栽于竹丛外缘，红花绿叶极为美观。小石榴适于盆栽或制作树桩盆景，置室内案头欣赏。

2. 整形修剪 （图 9-28）

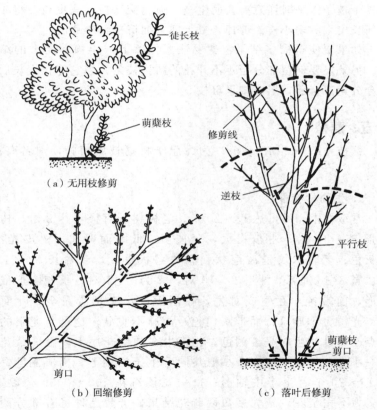

（a）无用枝修剪

（b）回缩修剪

（c）落叶后修剪

图 9-28 石榴修剪

花多着生在当年生枝条的顶端，或近顶端的叶腋间。花枝多在生长健壮的二年生枝条上萌发，直立的徒长枝一般不生花枝。

早春，将一年生苗在距地 10～20 厘米处剪去上端，即可发出

3～5个枝条。生长期内，不断修剪枝梢或摘心，促进多生二次、三次枝。但要保持树丛内部通风、透光良好，每年选留2～3枝作更新枝，剪除过密枝、无价值枝。更新枝夏季生长到一定长度后，就要摘心或剪梢。冬季剪去更新枝的1/4～1/3作为主干保留，每年冬季，剪去老干2～3个，保持9～12个一年生、二年生、三年生骨干枝条。平时注意剪去萌生枝、冠内交叉枝、病虫枝，将4月份新长出来的弱小枝修剪掉，夏天剪去拥挤枝和杂乱枝。

如果要使石榴多结果，就要注意保留上一年顶芽肥大的结果枝。另外还要保留部分当年不开花的新生枝条，当它停止生长后顶芽会分化混合芽，形成结果母枝。

十五、荔枝

荔枝（*Litchi chinensis*）为无患子科荔枝属植物，别名离枝、丹荔。

1. 生物学特性

常绿乔木。高可达13～20米。老树树干直径可达2米，树冠开张15～18米；主枝粗大，分枝多，低垂而弯曲；树皮光滑，棕灰色；老时木纹呈波浪状。偶数羽状复叶，叶片长9～21厘米、宽3～6厘米，小叶2～10对，多为2～4对，长椭圆形或披针形，前端钝，互生或对生，叶柄短，叶缘光滑完全，叶面浓绿、光滑、革质，背面带灰白色，侧脉不明显，这是与龙眼的区别点。新叶初生时呈红铜色。花簇生在圆锥花序上，由3朵花聚成一小穗，每一个或数个小穗共同着生于侧轴上，构成侧穗；侧穗13～20个着生于主轴上；每一花穗有花200～2000朵以上；花多为不完全花，绝大多数以雌花结果，少数品种也有部分两性花。果实卵圆形、心脏形或圆形，红色或紫红色，间有黄绿色或绿色带；果壳坚韧，表面具龟裂状突起，有的突起顶端呈刺状，果肉为假种皮，白色，半透明，味甘多汁。花期3～5月份，果期5～8月份（图9-29）。

图 9-29　荔枝果枝

原产于我国华南及越南北部。要求高温高湿的气候条件，对土壤适应性很广，尤宜土层深厚、排水良好的红壤。房前屋后、江河沿岸、山坡沙质红壤绿化都非常适宜，是观叶、观果的优良树种。

2. 整形修剪（图参见下文"龙眼修剪"）

幼树高达适当高度时定干。主干上留 3～5 个分布均匀的分枝作为主枝培养。主枝保留 30～40 厘米进行短截培养副主枝，剪去交叉枝、并生枝。新枝梢生长到 2～5 厘米时，保留方向好、长势强的 2～3 个幼梢，抹去其他枝梢，形成美观的树冠。采果后，剪掉徒长枝、弱枝、过密枝、落花枝、落果枝。对衰老大枝，可进行适当的回缩修剪。春季进行疏剪花穗、疏果等。

十六、龙眼

龙眼（*Dimocarpus longan*）为无患子科龙眼属植物，别名桂圆、龙目、圆眼、益智。

1. 生物学特性

常绿中乔木。分枝多，呈冠状，干部粗糙；幼枝被有锈色柔毛。叶互生，小叶 4～6 对，偶数羽状复叶，椭圆形至卵形或披针形，先端尖或钝，基部偏斜，全缘，革质，表面暗褐绿色、平滑无毛，背面通常有白粉。顶生和腋生圆锥状花序，具星状柔毛，花小、黄白色、密被毛茸、有芳香，花两性或单性花与两性花共存。果实球形，外壳黄褐色、青褐色或红褐色，平滑无毛，种皮肉质，白色，可食，包被坚硬黑色种子一颗。花期 4～5 月份，果期 8 月下旬至 9 月（图 9-30）。

图 9-30　龙眼果枝

原产于我国华南，缅甸、泰国、越南等国也有分布。龙眼为典型的南亚热带植物，喜温暖湿润气候，畏霜冻，在 0℃ 左右枝叶受冻枯萎，-4℃ 以下可致死。但在花芽发育阶段，需 10℃ 左右适当低温和干旱。耐旱，耐瘠，忌积水洼地，较耐阴。在南方丘陵山地土层深厚的酸性红壤中和溪河沿岸冲积地上均生长良好。

2. 整形修剪 （图 9-31）

幼树 2 米定干。定干后留 3～4 个均匀分布、生长粗壮的主枝。在主枝上每隔 30～50 厘米留 2～3 个副主枝，形成球形树冠。3～4 年生的幼树，应及时剪去细弱枝、下垂枝、病虫枝和交叉枝等。对生长过于旺盛的枝条可进行短截；对开始结果的树，每年要进行 3～5 次整芽。

春季，4～5 月份剪去杂乱枝、细弱枝、徒长枝。

夏季每根主枝上保留 1～3 个新梢，剪去其余新梢。6～7 月份剪除落花枝的空果穗、结果少的弱果穗，促使秋天枝芽萌发。

秋季 9～10 月份进行修剪，剪去采果损伤的枝条，促进秋梢生长。剪去枯枝、过密枝、病虫枝，培养良好的结果母枝。

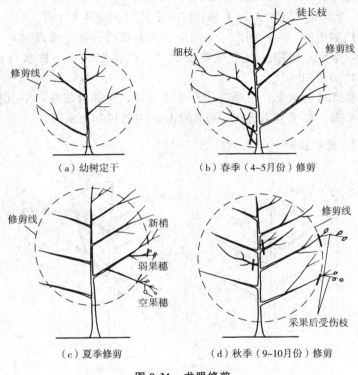

（a）幼树定干　　　　（b）春季（4~5月份）修剪

（c）夏季修剪　　　　（d）秋季（9~10月份）修剪

图 9-31　龙眼修剪

十七、芒果

芒果（*Mangifera indica*）为漆树科芒果属植物，别名杧果、檬果、番蒜。

1. 生物学特性

常绿乔木。树干粗大、直立，树冠椭圆形或圆头形。单叶互生，革质，全缘，披针形或椭圆状披针形，颜色多变，从古铜色至紫红色直至绿色。圆锥花序，顶生或腋生，两性花，花小，白色、黄白色或绿白色。浆果状核果，果皮橙黄至粉红，果肉黄白色或橙黄、橙红色，肉质嫩软或粗糙，味香甜，果实肾形或卵形。一年中可抽生三次枝梢。广州、台湾地区花期 2～4 月份，海南花期 11 月至翌年 1 月。

　　热带树种，在我国广东、海南、台湾都有分布。耐高温，不耐低温，耐湿，耐旱。对土壤要求不严，以土层深厚、排水良好为佳，怕涝和积水。

　　热带著名水果，色泽极佳，美味可口，营养价值高，果及种子都可药用。树形姿态优美，可作优良的观赏树和行道树。

　　2. 整形修剪（图 9-32）

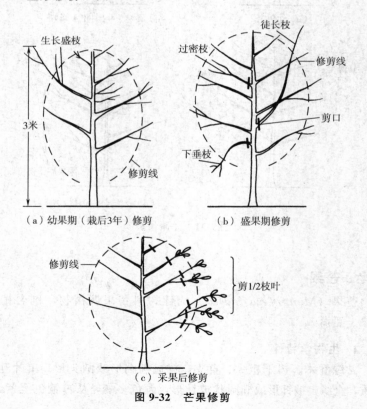

（a）幼果期（栽后 3 年）修剪　　（b）盛果期修剪

（c）采果后修剪

图 9-32　芒果修剪

幼树整形修剪以轻剪为主，一般采用摘心、抹芽的方法形成高3米左右的结构合理、立体结果的树冠。栽后3年的初结果树，应轻剪，促进结果，剪除部分过密的枝条、采果后的枝条，以促进枝梢生长。

在幼果期，修剪部分枝梢，以防落果。对生长旺盛的枝条应及时摘心或短截，促进分枝，培养结果母枝。

盛果期，应及时剪去结果能力差的荫蔽枝条、衰弱下垂枝条、挂果能力差的徒长枝等。

在果实生长期，适当剪去过密枝和病虫枝，改善光照条件，以利于果实发育。

采果之后，疏剪去枝叶的1/2。

十八、橄榄

橄榄（*Canarium album*）为橄榄科橄榄属植物，别名青果、白橄、青橄、忠果。

1. 生物学特性

常绿乔木。高达10米以上。叶长30厘米左右，小叶11～15片，小叶对生，具短柄，革质，长圆状披针形，长6～15厘米、宽2.5～5厘米，先端尖、基部偏斜，光滑，叶脉明显，背面网脉上有窝点。花两性，5～6月份开花，顶生或腋生的圆锥花序具短柄，花萼杯状，花白色，有芳香，花瓣长为萼片的2倍。核果卵形，长3厘米，由初时黄绿色逐渐变为黄白色，有皱纹，果实椭圆形，核硬，两端尖，内有种子1～3粒。

原产于我国，在海南及湖南、福建、广东有分布，主根肥大，能深入土中吸收水分、养分。不耐寒，对土壤要求不严，只要土层深厚、排水方便都能生长良好。

树姿优美，终年常绿，容易栽培，为路旁、河边、山坡绿化的重要树种。

2. 整形修剪 （图9-33）

定植4～5年后主干可达3米，后出现新枝，重点培养三大主枝,将过多的枝条从基部疏剪。侧枝过强的,则应摘心,使树势整齐。一般在采果后进行修剪,疏剪枯枝、过密枝、纤弱枝、徒长枝等。

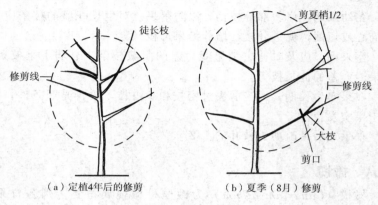

（a）定植4年后的修剪   （b）夏季（8月）修剪

图 9-33 橄榄修剪

8月初结果树,夏梢停止生长后,短截夏梢的 1/3,促使基部侧芽多生秋梢,以便提前结果。

为了避免造成树冠平面结果,应及时进行大枝的回缩更新修剪,以保证果实美观、丰产。

十九、紫珠

紫珠（*Callicarpa bodinieri*）为唇形科紫珠属植物,别名白棠子树。

1. 生物学特性

落叶灌木。小枝带紫红色,具星状毛。叶对生,狭倒卵形,边缘上半部疏生锯齿,背面有黄色腺点及细绒毛。聚伞花序具总梗,腋生。花紫红色,有腺点。花冠为短筒状,4 裂,雄蕊 4 个、较突出。果实半球形,紫红色。花期 8 月份,果期 10~11 月份（图 9-34）。

　　原产于我国中部及东部，越南、日本也有分布。喜光，喜肥沃、湿润土壤，较耐寒，耐阴。常生在海拔 600 米以下低山区的溪边和山坡灌丛中。

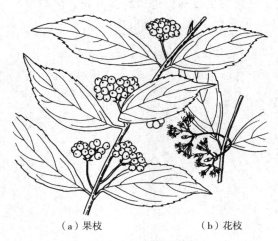

（a）果枝　　　　　　（b）花枝

图 9-34　紫珠的果枝和花枝

2. 整形修剪（图 9-35）

　　萌芽力较强。幼树不宜强修剪，否则易产生徒长枝。树冠成形后，应注意经常对小侧枝进行修剪，以促使隐芽萌发。

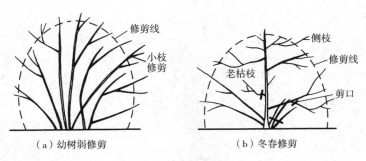

（a）幼树弱修剪　　　　　　　　　（b）冬春修剪

图 9-35　紫珠修剪

果实可供冬季观赏，每年修剪均应在冬季或早春芽萌动前进行，切勿花后进行修剪。每年春季芽萌动之前，除将过密、过细的枝条和枯枝剪掉外，还应适当短剪新长出的侧枝，以保证优美的树形，同时利于枝条的更新和促进植株多开花、多结果。

每3～5年可重剪1次，更新植株。

第十章

观叶、庭荫花木的整形修剪

常绿类花木

一、五针松

五针松（*Pinus parviflora*）为松科松属植物，别名日本五须松、五钗松。

1. 生物学特性

常绿乔木。树冠呈椭圆形。树皮暗灰色，裂成鳞状脱落。叶蓝色，有白色气孔线，针状微弯，较短，五针一束，簇生于枝端。花期4～5月份。

温带树种，能耐阴，但忌潮湿，不耐热，适生于微酸性旱地或山地。2～3月份播种或嫁接育苗繁殖。

五针松针密叶短，姿态优美，既可配植在公园、庭园，又可制作树桩盆景。

2. 整形修剪

松类植物的整形修剪应在秋到冬季进行，因为松类植物萌芽力不强，而秋至冬季新芽生长结束，老叶已落，树液流动缓慢，适宜修剪。可将弯曲枝、圆弧枝、枯萎枝、病虫枝从基部剪掉。一般松类观赏树木常用摘绿和揪叶方法提高观赏价值。

（1）摘绿 宜春末进行。因松树的芽轮生，在同一高度会长出多个小枝，摘绿时保留不同方向的1～2枚芽，再剪去先端1/3，其余用手摘去。因最初长出的新绿一般无用，摘掉后叶从基部长出，便形成美丽的密生枝（图10-1）。

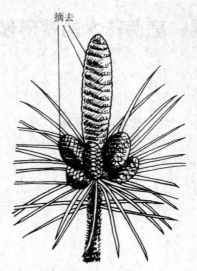

（a）摘去多余的芽

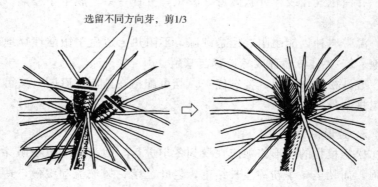

（b）留2枚不同方向的芽，再剪去先端的1/3

图 10-1　五针松摘绿

（2）揪叶 秋天进行。对过度茂盛的枝叶进行揪叶，其方法是用左手抓住枝端，右手将树叶向下抹。揪叶后，使冠内通风透光，促使枝条长出更多的新芽（图10-2）。

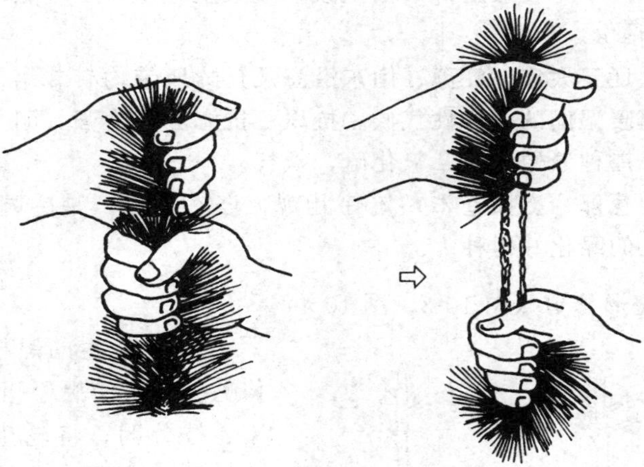

（a）左手握上，右手握下　　　　（b）右手向下揪

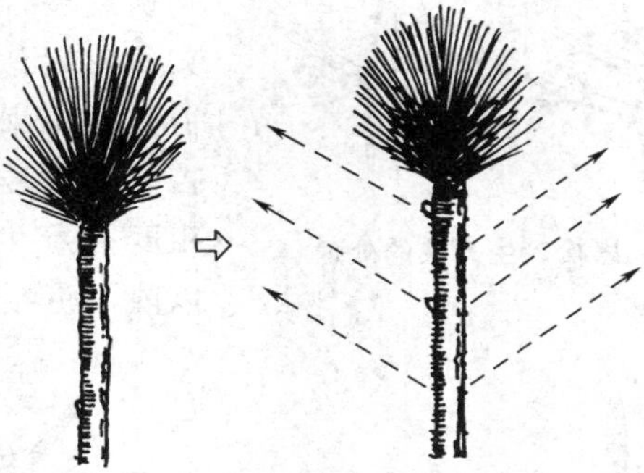

（c）待新芽长出后，新枝数增加

图 10-2　五针松揪叶

二、黑松

黑松（*Pinus thunbergii*）为松科松属植物，别名日本黑松、

白芽松。

1. 生物学特性

高大常绿乔木。树冠呈椭圆形。树皮灰，小枝橙黄色。叶针状，两针一束，在枝上螺旋散生或在短枝上丛生。冬芽银白色。花期4～5月份。

我国辽宁大连、江苏、山东沿海及丘陵地带均有栽培。阳性树种，喜温暖湿润的海洋性气候。抗风、抗海雾能力强，耐干旱、瘠薄土壤。播种繁殖。抗二氧化硫、氯气。

树干葱郁，挺拔苍翠，雄伟壮观，姿态古雅，是庭园、工厂、沿海地区的绿化好树种。

2. 整形修剪（图 10-3、图 10-4）

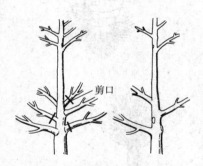

图 10-3　黑松轮生大枝的处理

5～6年生的黑松可暂不修剪。为了使黑松粗壮生长，干、枝分明，将轮生枝修除2～3个，保留2～3条向四周均衡发展，保持侧枝之间的夹角相近似。还要短截或缩剪长势旺盛粗壮的轮生枝，控制轮生枝的粗度，即它的粗度为着生处主干粗的1/3以内，使各轮生枝生长均衡。

图 10-4　黑松摘芽

春季，当顶芽逐渐抽长时，应及时摘去 1～2 个长势旺、粗壮的侧芽，以免与顶芽竞争，使顶芽集中营养向上生长。当树高长到 10 米左右时，可保持 1∶2 的冠高比。

三、雪松

雪松（*Cedrus deodara*）为松科雪松属植物，别名喜马拉雅雪松。

1. 生物学特性

常绿乔木。树冠呈塔形。大枝平展，小枝下垂。叶针状，在枝上螺旋散生或在短枝上丛生。有短叶型、垂枝型、翘枝型等类型。

温带树种，原产于我国西藏南部喜马拉雅山，现长江中下游地区生长良好。幼小时耐阴，大时喜光。适应黏重黄土及其他酸性土、微碱性土，浅根性，不耐煤烟，怕水湿。插条、播种、嫁接繁殖，2～3 月播种，春播为宜，40 天生根。在雨水多的低凹处要抬高栽植。栽后要立支柱防风，注意浇水、施肥。

树干通直，雄伟壮观，宜庭园门前对植或孤植，可作广场主景树。

2. 整形修剪

雪松幼苗具有主干顶端柔软而自然下垂的特点，为了维护中心主枝顶端优势，幼时重剪顶梢附近粗壮的侧枝，促使顶梢旺盛生长。如原主干延长枝长势较弱，而其相邻的侧枝长势特别旺盛时，则剪去原头，以侧代主，保持顶端优势。其干的上部枝要去弱留强，去下垂枝，留平斜向上枝。回缩修剪下部的重叠枝、平行枝、过密枝。剪口处应留生长势弱的下垂侧枝、平斜侧枝作头。主枝数量不宜过多、过密，以免分散养分。在主干上间隔 50 厘米左右组成一轮主枝。主枝上的主枝条一般要缓放不短截，使树冠疏朗匀称，美观大方（图 10-5）。

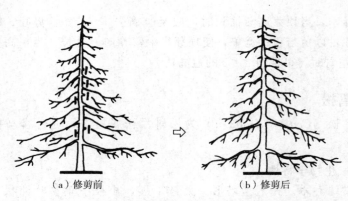

（a）修剪前　　　　　　　　（b）修剪后

图 10-5　雪松修剪前后的树形对照

四、白皮松

白皮松（*Pinus bungeana*）为松科松属植物，别名白骨松、虎皮松、蛇皮松。

1. 生物学特性

常绿乔木。高达 30 米，胸径 1 米余。树冠圆锥形、卵形或圆形。树皮淡绿色或粉白色，呈不规则鳞片状剥落。1 年生小枝灰绿色，无毛；大枝自近地面处斜出。针叶三针一束，长 5～10 厘米，粗硬。雌雄同株，雄球花生于当年新枝下部，雌球花生于新枝近顶部。球果单生，圆锥状卵形，成熟时淡黄色。花期 4～5 月份，球果翌年 9～11 月份成熟。

我国特产，分布于太行山南、吕梁山、秦岭、小陇山、岷山、大巴山、伏牛山及熊耳山、神农架等处。喜光，喜凉爽干燥气候，幼时稍耐阴，深根性，不耐湿，较耐寒。对土壤要求不严，在中性、酸性及石灰性土上均能生长，也可生长在 pH 8.0 的土壤上，喜生于排水良好而又适当湿润的土壤上。生长缓慢，寿命长。对二氧化碳及烟尘抗性强。

白皮松用于孤植时，要求侧主枝的生长势较强，中央领导干的生长量不大，形成主干低矮、整齐密集的宽圆锥形树冠，直到老年期也能保持较完整的体态。

2. 整形修剪 （图 10-6）

密植的白皮松主侧枝生长少，
而中央领导干高，生长量大，中
心主枝优势较强，能形成高大的
主干或圆球状的树冠。冬季整形
修剪，把枯枝、病虫枝和影响树
形美观的枝条剪除。要控制中心
主枝上端竞争枝的发生，整形时
及时剪除竞争枝，扶助中心主枝
迅速生长，以形成整齐密集的理
想宽圆锥形树冠。

剪口

图 10-6 白皮松冬剪

五、云杉

云杉（*Picea asperata*）为松科云杉属植物，别名大云杉、
白松。

1. 生物学特性

常绿乔木。干直，高可达 40 米。幼年树冠略呈圆柱形，成年
树冠圆锥形。树皮不规则薄鳞片裂。小枝黄色，具有柔毛。叶 4
棱，长 4 厘米，条形，先端尖，四面均有气孔线。花生于枝梢。球
果圆柱状，长椭圆形，下垂或斜生，成熟时栗褐色。

产于四川西部、甘肃、山西、河北等地。适应于高山、气候寒
冷、雨水充足的环境。

云杉顶芽发达，一般具有明显的中心主干，大枝斜展，小枝纤
细。环境绿化成片种植，远望浑然一片，景观如云，别具特色。

2. 整形修剪 （图 10-7）

随着年龄的增长，树冠逐渐由圆柱形变为广椭圆形。当树高生
长到 3 米以上时，中心主干下部主枝要逐渐剪除 2～3 个，以当年
顶端的新主枝来递补。

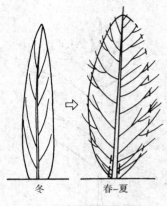

冬　　　　春-夏

图 10-7　云杉修剪

自春季新芽萌动开始到夏初为止是云杉的加长生长阶段。在此期间要不停地修剪新生的嫩梢。当嫩枝梢长到 3 厘米左右时，将它剪掉 1/2~2/3，以防止侧枝无限制生长，促使它们加粗生长，保持稠密的树冠，并防止树膛中空。

六、罗汉松

罗汉松（*Podocarpus macrophyllus*）为罗汉松科罗汉松属植物，别名罗汉杉、土杉。

1. 生物学特性

常绿乔木。树冠圆锥形。枝密平展。叶螺旋状互生，长披针形，先端锐尖，基部狭窄，表面浓绿色，有光泽，背面淡绿色。花期 4~5 月份。种子与花托似一尊罗汉，由此得名罗汉松。变种有小叶罗汉松、百日青等。

亚热带树种。喜湿润而排水良好的沙质壤土。喜阳光，较耐寒。播种、扦插繁殖。春、秋两季扦插繁殖成活率达 80% 左右。4 月份或 10 月份播种。

适于庭园孤植、对植、群植、行列植，可修剪成各种造型供观赏，创造庭园绿篱。

2. 整形修剪 （图 10-8、图 10-9）

为了保住中心主干，可对几个粗壮竞争枝进行短截，剪口处留二次枝。短截后的竞争枝第一年生长较弱，往后每年在主干上按一定间隔选留 2~3 个主枝，使其相互错落分布，而后分别短截先段，下面要长留，上面宜短留，多余的侧枝及时剪除。

以后每年修剪时注意，使主干上的主枝形成螺旋式上升的分布序列。主枝长度自下而上逐个缩短，使整个树冠构成典型的圆锥形。

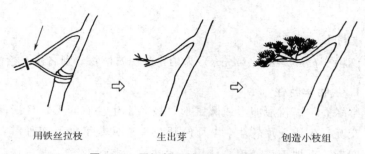

| 用铁丝拉枝 | 生出芽 | 创造小枝组 |

图 10-8 罗汉松用铁丝拉枝造型修剪

梢部枝

中部枝

修剪线

内部枯枝剪除

图 10-9 罗汉松圆柱状整形

　　罗汉松具有分枝低的特点，可将其整体修剪成古老树的造型或者修剪成球形、柱形等。

七、圆柏

圆柏（*Juniperus chinensis*）为柏科刺柏属植物，别名桧、桧柏。

1. 生物学特性

常绿乔木。树冠卵形或圆锥形。枝条密生。有鳞形、针形两种叶，交互对生或 3 片轮生。4 月份开花。常见栽培种及变种有：龙柏、偃柏、匍地柏、塔柏、球柏、金叶桧、银斑叶桧、鹿角桧、垂枝柏等。

喜生于肥沃湿润的中性土及钙质土。抗污染性强，耐阴，耐湿，抗旱，耐寒，耐热。播种或扦插繁殖。

老树秃顶，古趣盎然。可修剪成各种动物、建筑等造型。适于建筑门前、道路两边对称布置，或沿围墙栽植作为花卉的背景树，或单株孤植于庭园观赏其优美的造型。偃柏、匍地柏等可布置在悬崖、池畔、石隙、草坪、墙隅等处。球柏适于花坛、园路、台阶等处绿化。

2. 整形修剪 （图 10-10～图 10-12）

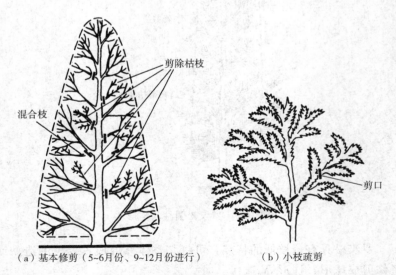

（a）基本修剪（5~6月份、9~12月份进行）　　（b）小枝疏剪

图 10-10　圆柏整形修剪

　　幼树主干上距地面 20 厘米范围内的枝全部疏去，选好第一个主枝，剪除多余的枝条，每轮只保留一个枝条作主枝。要求各主枝错落分布，下长上短，呈螺旋式上升。如创造游龙形树冠，则可将各主枝短截，剪口处留向上的小侧枝，以便使主枝下部侧芽大量萌生，向里生长出紧抱主干的小枝。

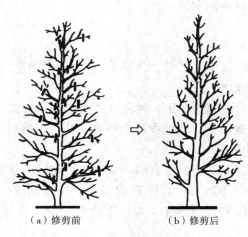

（a）修剪前　　　　　　（b）修剪后

图 10-11　圆柏修剪前后的树形对照

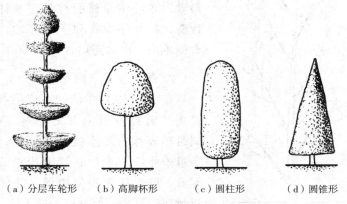

（a）分层车轮形　　（b）高脚杯形　　（c）圆柱形　　（d）圆锥形

图 10-12　圆柏的各种造型

在生长期内，当新枝长到10～15厘米时，修剪一次，全年修剪2～8次，抑制枝梢徒长，使枝叶稠密成为群龙抱柱形。应剪去主干顶端产生的竞争枝，以免造成分叉树形。主干上主枝间隔20～30厘米时应及时疏剪主枝间的瘦弱枝，以利通风透光，对主枝上向外伸展的侧枝应及时摘心、剪梢、短截，以改变侧枝生长方向，造成螺旋式上升的优美姿态。

八、侧柏

侧柏（*Platycladus orientalis*）为柏科侧柏属植物，别名香树。

1. 生物学特性

常绿乔木。树冠圆锥形。树皮呈片状剥落，枝条开展。叶鳞片状，对生。雌雄同株。球果卵形，果鳞6片，果熟时开裂。3月份开花，11月份果熟。

原产于我国东北部。性喜阳，喜湿润、肥沃的土壤，耐碱，耐旱，耐寒。但经受寒风时，叶会变褐色。四季抽芽，幼苗生长迅速，1年生苗高25厘米左右，3年生高60厘米，5年生高达2米，以后则生长渐缓。

作为行道树或庭园树，显得古雅、肃穆，亦可作绿篱的材料。木材质坚致密，耐久不腐。种子可榨油，叶内含侧柏精，可供药用。

2. 整形修剪（图10-13）

在11～12月份的初冬或早春进行修剪。剪掉树冠内部的枯枝、病枝，同时还要修剪密生枝及衰弱枝。若枝条过于伸长，则于6～7月份进行1次修剪，以保持完美的树形，并促进当年新芽的生长。剪掉枝条的1/3，使整个树势有柔和感。

剪口

图10-13　侧柏夏季修剪

九、龙柏

龙柏（*Juniperus chinensis* 'Kaizuca'）为柏科刺柏属植物。

1. 生物学特性

常绿乔木。树姿瘦削直立，树冠呈狭圆筒形，端梢扭转上升。老干黄黑色，片状剥落。小枝在枝条的先端呈略等长的密簇。全为鳞片叶，嫩时叶绿色，老叶为灰绿色。球果蓝色，果面稍具蜡粉。

原产于我国，在甘肃有野生。生长良好，可露地越冬。

为姿态优美的庭院树，多对植于大门两侧，亦可盆栽观赏。

2. 整形修剪 （图 10-14）

龙柏生长缓慢，整形以摘心为主。对徒长枝应进行短截或缩剪。5～6月份生长旺盛期要及时摘心，以保持枝稠、叶密的优美树形。

对大枝的修剪应在休眠期进行，以免树液外流。

修剪线

图 10-14 龙柏 5～6
月份摘心

十、樟树

樟树（*Camphora officinarum*）为樟科樟属植物，别名香樟、乌樟。

1. 生物学特性

常绿大乔木。树冠椭圆形。幼时树皮绿色，光滑；老时变黄褐色，有横裂纹。枝叶有樟脑味。叶薄革质，呈波状，互生，卵形至卵状椭圆形，先端尖锐，表面深绿色、有光泽，背面青白色，秋季至春季为橙色。花期5月份，花两性，小型，淡黄绿色。浆果球形，10～11月份熟时近于紫黑色。

喜温暖湿润气候，不耐寒。在深厚肥沃的黏质、沙质壤土及酸性、中性土中发育较好。耐水湿。对氯气、二氧化碳、臭氧等有抗性。3月份播种繁殖为好，分根、分蘖也可。

2. 整形修剪（图 10-15）

一年生的播种苗要进行一次剪根移栽，以促进侧根生长，提高大树移栽时的成活率。要将顶芽下生长超过主枝的侧枝疏剪 4～6 个，剥去顶芽附近的侧芽，以保证顶芽的优势。如侧枝强、主枝弱，也可去主留侧，以侧代主，并剪去新主枝的竞争枝，修去主干上的重叠枝，保持 2～3 个为主枝，使其上下错落分布、从下而上渐短。生长季节，要短截主枝延长枝附近的竞争枝，以保证主枝顶端优势。定植后，注意修剪冠内轮生枝，尽量使上下两层枝条互相错落分布。粗大的主枝，可回缩修剪，以利于扩大树冠。

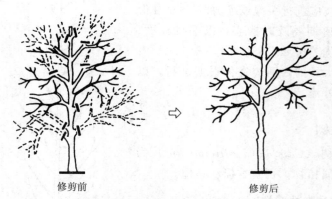

修剪前　　　　　　　　　　修剪后

图 10-15　樟树修剪前后的树形对照

十一、珊瑚树

珊瑚树（*Viburnum odoratissimum*）为荚蒾科荚蒾属植物，别名法国冬青、日本珊瑚树。

1. 生物学特性

常绿灌木或小乔木。树冠倒卵形。叶对生，革质，长椭圆形，先端渐尖或钝形，表面深绿色、有光泽，背面苍白色。花期 4～5 月份（有时不定期开花）圆锥花序顶生，白色小花，有芳香。核果橙红色，果熟期 7～9 月份，呈黑色。

亚热带强阴性树种。适生于湿润肥沃的中性土、酸性土，全国各地均有栽培。雨季剪取当年生壮枝扦插易于成活。移植需多带宿土。对潮风抗性强，适于海岸庭园种植。

枝叶繁茂，较耐修剪，在庭园外围作为绿篱、绿墙，分隔空间。防风，防（降）噪声，全树不易燃烧，有防火作用。叶色碧绿光亮，秋季红果满枝，甚为美观。能耐二氧化硫、烟尘等，是工厂、庭园绿化的好树种。也适宜盆栽布置室内、会场等。

2. 整形修剪（图 10-16、图 10-17）

3～4 月份、6～7 月份、10～11 月份都可修剪。因珊瑚树丛生性强、生长迅速，可以进行强修剪，以防风、雪折断长枝，创造树墙、绿篱等各种造型。独立栽植时，每年要从根部剪除分蘖枝。春季疏剪有利于冠内通风，宜短截枝端加以整形。夏季和秋季剪除扰乱树形的徒长枝。

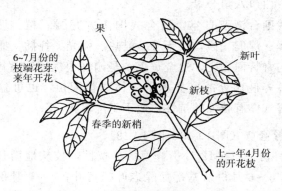

果

6~7月份的
枝端花芽，
来年开花

新叶

新枝

春季的新梢

上一年4月份
的开花枝

图 10-16 珊瑚树花芽的着生与开花

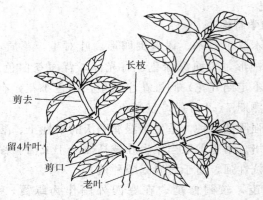

图 10-17　珊瑚树长枝、老叶的修剪

十二、八角金盘

八角金盘（*Fatsia japonica*）为五加科八角金盘属植物，别名八金盘、八手、手树。

1. 生物学特性

常绿灌木。丛生状球形冠。5～9 裂大型掌状叶互生。伞形球状花序，花白色，两性，顶生，花期 10～11 月份。主要品种有白边八角金盘、黄纹八角金盘、黄斑八角金盘、裂叶八角金盘、波缘八角金盘、白斑八角金盘。

产于我国台湾及日本，适合我国南方庭园栽植。性喜阴，耐湿，喜温暖、湿润气候，怕干旱、酷热、强光。扦插、播种繁殖。

叶大、奇特而光亮，边金黄色，是园林中优良观赏树种。适于庭园、天井等庇荫处或在乔木下立体绿化配植，也可盆栽点缀室内。对有害气体有较强的抗性，适于工厂绿化。

2. 整形修剪（图 10-18、图 10-19）

6～7 月份、11～12 月份修剪。丛枝性，枝从地面长出。梅雨季易萌芽，5～6 月份从基部剪除老叶、黄叶；4～6 月份生长势较强，上面叶子长成后，下面的叶子已变弱变黄，生长结束，高度已定，剪除枝叶；分枝性能差，可将过高的枝从基部或从地面以上剪去；在干的中部，剪去叶芽的上方，可促使植株矮化、枝叶小化。

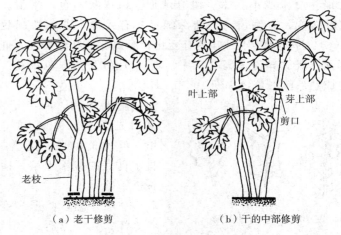

（a）老干修剪　　　　（b）干的中部修剪

图 10-18　八角金盘干的修剪

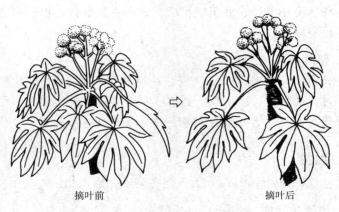

摘叶前　　　　　　　摘叶后

图 10-19　八角金盘摘叶处理

十三、枸骨

枸骨（*Ilex cornuta*）为冬青科冬青属植物，别名鸟不宿、老虎刺。

1. 生物学特性

常绿乔灌木或小乔木。树冠球形。树皮灰白色，平滑。叶革质，形状多变，有锯齿，表面深绿色、有光泽，背面淡绿色（图10-20）。12月至翌年1月叶色有变化，光照部分叶色变红，庇荫处叶色鲜绿。雌雄异株，聚伞花序，4～5月份开黄绿色小花。核果球形，成熟后鲜红色，果期10～11月份。

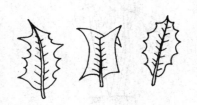

图 10-20 枸骨的叶形

温带植物，原产于中国。喜阳光充足、温暖的气候环境，但也能耐阴。适宜肥沃、排水良好的酸性土壤。播种或扦插繁殖。

枝叶茂盛，叶形多变，富有光泽，四季常青；秋后，红果累累，艳丽可爱，是优良的观赏树种。可作花园、庭园中花坛、草坪的主景树，更适宜制作绿篱、分隔空间。

2. 整形修剪（图10-21）

生长慢，萌发力强，耐修剪。花后剪去花穗，6～7月份剪去过高、过长的枯枝、弱小枝、拥挤枝，保持树冠生长空间，促使周围新枝萌生。3～4年可整形修剪一次，创造优美的树形。

十四、丝兰

丝兰（*Yucca flaccida*）为天门冬科丝兰属植物。

1. 生物学特性

常绿灌木。叶在基部簇生，革质较软，有白粉，披针形，边缘具有卷曲白丝。花白色，圆锥形花序，从基部抽生花葶，每年5～6月份和10月份分别开花。同属观赏植物还有凤尾兰，叶较坚硬，花小、乳白色，蒴果不开裂；变种千手兰，叶革质较硬。变种有黄

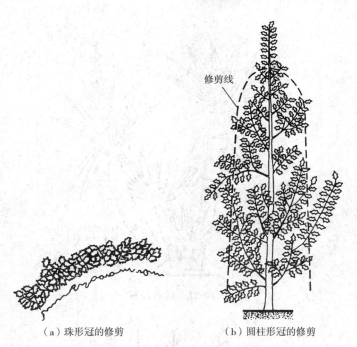

（a）珠形冠的修剪　　　　　　（b）圆柱形冠的修剪

图 10-21　枸骨不同冠形的修剪

绿叶千手兰、灌叶凤尾兰。

耐寒性强，对土壤要求不严，但以排水良好的沙质土壤为好。分株、扦插、播种繁殖。

四季常绿，花期较长，芳香宜人，花形美丽诱人，是优良的观赏树种。可植于庭园草地一隅、假山旁或岩石园中，也可植于花坛中心，极为美观。

2. 整形修剪（图 10-22、图 10-23）

3～4 月份修剪。因为生长后易倒，所以常在幼时从基部剪除，以利于从根部生出小株、相互交叉、错落生长。

每年从基部剪掉老叶和开花后的花葶。如基部有新株长出，可将老株从基部切除；如基部无新株长出，可将老株在老干中部切除。

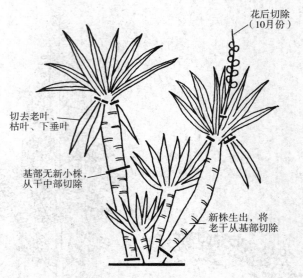

图 10-22　丝兰修剪

花后切除
（10月份）

切去老叶、
枯叶、下垂叶

基部无新小株，
从干中部切除

新株生出，将
老干从基部切除

图 10-23　花后剪除花葶

十五、海桐

海桐（*Pittosporum tobira*）为海桐科海桐属植物，别名七里香、水香、山瑞香、宝珠香。

1. 生物学特性

常绿灌木或小乔木。树冠圆球形。叶互生或轮生状，厚革质，倒卵形，先端钝，平滑无毛，边缘为外卷状，表面绿色、有光泽，背面苍白色，新叶嫩黄。4～5月份开白色小花。果实球形，初为绿色，后变黄色，成熟后开裂，露出红色的种子，有黏胶质（图10-24）。

亚热带树种。较耐旱、耐寒、耐阴，喜温暖湿润的环境。播种繁殖，萌芽力强，4～5月份扦插繁殖，成活率高。北方冬季入冷室（不加温的房）越冬，注意通风透光。

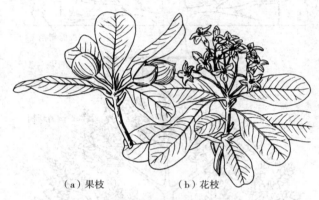

（a）果枝　　　　（b）花枝

图 10-24　海桐果、花枝

在园路交叉点及转角处的花台或花坛中心、台坡两旁、草地一隅、大树附近、桥头两边等处种植。对有害有毒气体抗性较强，适于工厂庭园绿化。能抗海潮海风，适宜沿海庭园绿化。

2. 整形修剪 （图 10-25）

海桐可以修剪成各种几何形状。春夏都可以修剪，6月份进行整形修剪为宜，因为这时萌芽力强，可长出新枝。夏季应摘心防止徒长。如秋季修剪，新枝已停止生长，萌芽慢，会使树木生长势变弱。

十六、大叶黄杨

大叶黄杨（*Buxus megistophylla*）为黄杨科黄杨属植物，别名冬青卫矛、四季青、黄爪龙树。

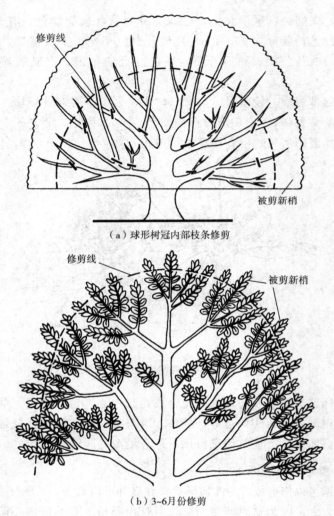

修剪线

被剪新梢

（a）球形树冠内部枝条修剪

修剪线

被剪新梢

（b）3~6月份修剪

图 10-25　海桐半球形造型的修剪

1. 生物学特性

常绿灌木或小乔木。树冠球形。叶革质对生，倒卵形、狭长椭圆形，叶面深绿色，背面淡绿色，表面有光泽。花绿白色。蒴果扁球形，9 月份成熟。种子红色。变种很多，如长叶大叶黄杨、葡萄大叶黄杨、金边大叶黄杨、银边大叶黄杨、金斑大叶黄杨、绿斑大叶黄杨等。

亚热带及温带树种。对土壤要求不严，干、湿、沙、瘠薄土及潮水浸地均能生长。较耐寒。扦插、播种、压条繁殖均可。

四季常青，叶色浓绿、繁茂且有光泽。庭园、公园中常作绿篱，也可修剪成圆形、方形等几何形，植于花坛中心。

2. 整形修剪（图 10-26）

萌发力强。定植后，可在生长期内根据需要进行修剪。第一年，在主干顶端选留两个对生枝，作为第一层骨干枝；第二年，在新的主干上再选留两个侧枝短截先端，作为第二层骨干枝。待上述 5 个骨干枝增粗后，便形成疏朗骨架。

（1）**球形树冠修剪** 一年中反复多次进行外露枝修剪，形成丰满的球形树。每年剪去树冠内的病虫枝、过密枝、细弱枝，使冠内通风透光。由于树冠内外不断生出新枝，应随时修剪外表，即可形成美观的球形树。

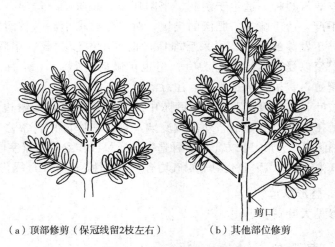

（a）顶部修剪（保冠线留2枝左右）　　　（b）其他部位修剪

图 10-26　大叶黄杨修剪

（2）老球形树更新复壮修剪　选定1～3个上下交错生长的主干，其余全部剪除。第二年春，则可从剪口下萌发出新芽。待新芽长出10厘米左右时，再按球形树要求，选留骨干枝，剪除不合要求的新枝。为促使新枝多生分枝、早日形成球形，在生长季节应对新枝多次修剪。

十七、黄杨

黄杨（*Buxus sinica*）为黄杨科黄杨属植物，别名小叶黄杨、瓜子黄杨。

1. 生物学特性

常绿灌木或小乔木。树冠球形或倒卵形。树皮灰色，枝条密生，小枝绿色，四棱形。单叶互生近对生，光滑，革质，全缘，顶端有缺刻，披针形或倒卵形，长2厘米、宽1.7厘米，表面深绿色，背面苍白色。春天开黄色小花于叶腋。常见的同属品种还有：雀舌黄杨，分枝纤细，叶窄而长，倒披针状，椭圆形，先端圆，并有微凹；锦熟黄杨，叶椭圆形，缘反卷；细叶黄杨，叶较狭窄，分枝稀疏。

亚热带树种。适生于湿润、半阴环境，忌曝晒、低温，对土壤要求不严，适于疏松、肥沃的土壤，对水分要求不高，较耐寒。种子有隔年发芽的特性，可采后即播，也可用湿沙贮藏一年后播种；扦插繁殖以夏至前后进行为宜，但也可随时进行；3～4月间适宜压条繁殖。栽植要施足基肥，注意灌溉。

枝叶茂密，四季常青，在庭园中可以作绿篱或花坛镶边，也可以栽植在建筑、山石小品外围或庭园一隅。在庭园中，常修剪成圆形、椭圆形、方形、长方形等各种造型，还可以作盆景布置室内会场。对二氧化硫、氯气、硫化氢等毒气均有一定抗性，适于工厂绿化。

2. 整形修剪

参见大叶黄杨。

十八、南天竹

南天竹（*Nandina domestica*）为小檗科南天竹属植物，别名天竺、玉珊瑚。

1. 生物学特性

常绿灌木，丛生状。干直立，分枝少。叶互生，椭圆披针形，深绿色，冬季叶色常变红色。花白色，5～7月份开放。果红色，球形，11月份成熟。

产于长江流域各地。喜温暖、多湿、通风良好的半阴环境。耐寒，要求排水良好的土壤。播种繁殖。

叶色在强光下变红，是优美的观叶、观果树种，秋冬叶色变红不落。可露地或盆栽观赏。

2. 整形修剪（图10-27）

果后，2～3月份修剪。3年左右结果一次，所以果后将无用枝从基部剪去，选留3～5个健壮枝作为主干。也可采用分株的形式减少株干数。3～6月份主干生长过长时，可从分枝处剪去主梢。平时要及时剪去根部的萌生小枝，以利主干的增粗。还要剪去老枝、拥挤枝，以利冠内通风透光。

如想使主干上长出小分枝，可在叶柄之上剪去梢部，促使分枝生长。

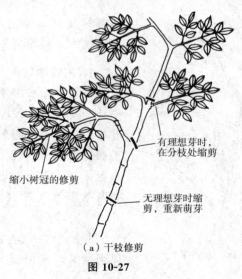

有理想芽时，在分枝处缩剪

缩小树冠的修剪

无理想芽时缩剪，重新萌芽

（a）干枝修剪

图 10-27

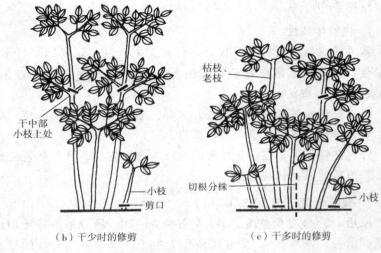

干中部
小枝上处

枯枝、
老枝

切根分株

小枝
剪口

小枝

（b）干少时的修剪　　　　　　　（c）干多时的修剪

图 10-27　南天竹干枝修剪

图 10-28　女贞果枝

十九、女贞

女贞（*Ligustrum lucidum*）为木樨科女贞属植物，别名冬青、蜡树、桢木、将军树。

1. 生物学特性

常绿乔木或灌木状。枝条开展，呈倒卵形树冠。树皮灰色，平滑。叶革质，对生，卵形或卵状椭圆形，表面亮绿色。圆锥花序顶生，小花白色，有香气，密集。核果椭圆形，熟时蓝黑色（图 10-28）。同属的小叶女贞，较耐寒，北京可地栽。

原产于我国，主产于淮河流域以南地区，黄河流域有栽培，广泛分布于长江流域及南方各省，华北与西北地区也有栽培。喜温暖气候及湿润肥沃土壤，微酸性、微碱性土壤都能适应，干燥、瘠薄处生长不良。稍耐寒，较耐阴。深根性，根系发达，萌蘖力、萌芽力强，耐修剪，抗污染，怕雪压。

适宜作绿篱、绿墙、行道树等。

2. 整形修剪 （图 10-29）

主干无明显延长枝的女贞大苗，应选留生长位置与主干一致的枝条短截，作为主干延长枝。同时要将剪口下方对生的 2 枚芽剥去 1 枚。再剥去其下方 2 对芽，其余强健主枝应按位置及其强弱情况，或剪除过密枝，或进行相应强度的短截措施，以压抑其长势，促进中心主枝旺盛生长，形成强大主干。

同时，要挑选位置适宜的枝条作为主枝，使其间隔适当，错落分布。进行短截，要从下至上，逐个缩短，使树冠下大上小。经 3～5 年的修剪，主干高度够了，可停止修剪，任其自然生长。

女贞萌发力强，生长季节常在枝干上萌发新芽，应及时剪去造型不需要的新芽。

二十、金叶女贞

金叶女贞 （*Ligustrum × vicaryi* Rehder） 为木樨科女贞属植物，为小叶女贞的栽培变种。

1. 生物学特性

半常绿小乔木或灌木。高 2～3 米，冠幅 1.5～2 米。单叶对生，薄革质，椭圆形至倒卵形，先端尖，全缘。初生叶片金黄色，老叶呈绿色、有光泽。圆锥状花序顶生，小花白色，花冠裂片 4，有香气。浆果状核果宽椭圆形，蓝黑色。花期 6～7 月份，果期 10 月至翌年 3 月。

性喜温暖湿润环境，喜光，稍耐阴，较耐寒，北京地区安全越冬，但落叶。不耐干旱、瘠薄，宜生于肥沃、深厚、微酸性至微碱性的湿润土壤。对二氧化硫、氯气、氟化氢均有较强的抗性，也能忍受较多的粉尘、烟尘污染。

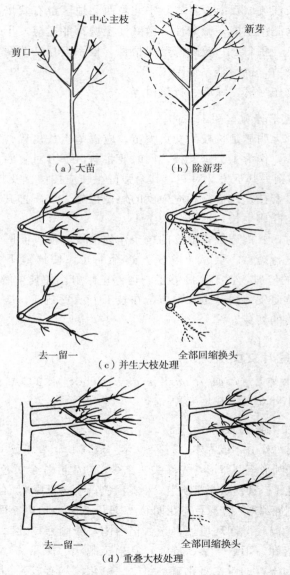

（a）大苗　　　　　　（b）除新芽

去一留一　　　　　　全部回缩换头

（c）并生大枝处理

去一留一　　　　　　全部回缩换头

（d）重叠大枝处理

图 10-29　女贞修剪

现我国南北各地广泛栽培应用。

枝叶秀丽、叶色金黄，是优良的色叶树。在园林绿化上，可以与金叶黄杨、紫叶小檗、紫叶矮樱、龙柏、扶芳藤、蜀桧等植物搭配，成群成片地种植。在"街头绿饰"中或雕塑四周成片种植，色彩醒目，起到锦上添花的作用，既丰富了景观色彩，又活跃了园林气氛。枝叶茂密，也可配植成矮绿篱。

2. 整形修剪（图 10-30）

萌发力强，很耐修剪。枝条伸展自然、优美。在园林中多成片栽植，少见独植应用，故一般不作整形修剪，保持其自然形状。如植株个别枝条特长，影响植株的整体美观，可适当回缩，使植株各分枝大致匀称，同时也促其回缩枝条多分枝。

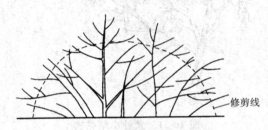

图 10-30　金叶女贞早春修剪

在规则式布局的庭园中，可修剪成长、方、圆等各种形状。也可数株一丛，修剪成各种几何形，都能达到优良观叶的效果。早春萌芽前对植株应进行一次整形修剪，使其枝条分布均匀，树冠形状整齐。日常修剪中及时剪除过密枝、病虫枝、徒长枝。

二十一、紫叶小檗

紫叶小檗（*Berberis thunbergii*）为小檗科小檗属植物，别名红叶小檗。

1. 生物学特性

落叶丛生灌木。小枝红褐色，有沟槽，有刺分叉。单叶在幼枝上互生，在短枝上簇生，叶片倒卵形，全缘，上面紫红色，下面粉蓝色。伞形花序有花 1～5 朵，花浅黄色（图 10-31）。浆果椭圆形，熟时亮红色。花期 5～6 月份，果期 9 月份。

图 10-31　紫叶小檗花枝

原产于我国东北南部、华北及秦岭，现全国各地普遍栽培。喜光也能耐半阴，耐旱，耐寒。对土壤要求不严，但以在深厚肥沃、湿润而又排水良好的沙质壤土上生长最好。生长快，萌芽力强，耐修剪，耐移植。

枝叶常年紫红，花朵繁密，果实鲜红亮丽，是优良的观叶、观果的花灌木，也是目前各地广泛应用的彩色地被和刺篱材料。

2. 整形修剪（图 10-32）

幼苗定植后，应进行轻度修剪，以促使多发枝条，有利于成形。

每年入冬至早春前，对植株进行适当修整。疏剪过密枝、徒长枝、病虫枝、过弱的枝条，保持枝条均匀分布成圆球形。花坛中群

（a）定植后生长期轻短截　　　　（b）冬、春重短截

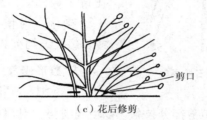

剪口

（c）花后修剪

图 10-32　紫叶小檗修剪

植的紫叶小檗，修剪时要使中心高些，边缘的植株顺势低一点，以增强花坛的立体感。

栽植过密的植株，3～5 年应重修剪 1 次，以达到更新复壮的目的。

二十二、石楠

石楠（*Photinia serratifolia*）为蔷薇科石楠属植物，别名千年红、扇骨木、枫药。

1. 生物学特性

常绿灌木或小乔木。高达 12 米。树皮灰褐色，块状脱落。全株无毛，小枝灰褐色、无毛。叶革质，互生，长椭圆形，具有细锯齿，长 8～20 厘米，先端尖，幼时红色，后渐变为绿色而具光泽。花小，白色，复伞房花序，顶生。梨果球形，成熟时红色。花期 5～7 月份，果期 9～10 月份（图 10-33）。

产于我国秦岭以南各地区，华东、华中、西南地区广为栽培。日本、印度尼西亚也有分布。喜温暖湿润气候、阳光充足的环境和

图 10-33 石楠果枝

肥沃的酸性土壤，但对土壤要求不严。耐瘠薄、干旱，不耐水渍。稍耐阴，可耐 −15℃ 低温。秋冬萌芽力强，耐修剪，生长较慢。

石楠树冠圆形，枝叶浓密，早春嫩叶鲜红，秋季叶绿果红。孤植于庭园、草坪、花坛，丛植于岔路口，列植于道旁、水边，或作绿篱，均极相宜。

2. 整形修剪（图 10-34）

枝条细、萌发力强的植株，应进行强修剪或疏剪部分枝条，以增强树势；对那些萌生力弱而又粗壮的枝条，应进行轻剪，促使多萌发花枝。

如树冠较大，在主枝中部选合适的侧枝代主枝。重修剪强壮枝条，将二次枝回缩修剪，以侧枝代主枝，缓和树势；短修剪弱小枝条，留 30～60 厘米。

如树冠不大，应短截一年生的主枝。

花后，5～7 月份石楠生长旺盛，应将长枝剪去，促使叶芽生长。

冬季，以整形为目的，剪去那些密生枝，保持生长空间，促使新枝发育。

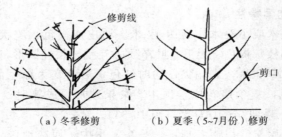

（a）冬季修剪　　　　（b）夏季（5～7月份）修剪

图 10-34 石楠修剪

二十三、苏铁

苏铁（*Cycas revoluta*）为苏铁科苏铁属植物，别名铁树、凤尾蕉、凤尾松、避火蕉。

1. 生物学特性

常绿小乔木。单干式树形。大型羽状复叶簇生茎顶，复叶由多数细长小叶组合而成，线形小叶边缘反卷，革质，深绿色，有光泽。花无花被，雌雄异株，雄球花圆柱形生于茎端，雌球花扁球形顶生，有褐色毛密生，8 月份开花。果实呈朱红色，种子核果状。同属的还有刺叶苏铁，叶大，羽片宽；云南苏铁，羽片较窄。

产于我国南部。性喜光，喜温暖湿润、通风良好的沙质壤土。播种、分蘖、埋茎繁殖。

树形优美，浓绿色羽状复叶生于冠顶，形成美丽的叶冠，是我国南方园林绿化的园景树，可植于花坛中央。也适合盆栽，布置门厅会场等。

2. 整形修剪

每年 5 月份新叶从干的先端长出。3～4 年生的老叶逐渐老化变枯。5～6 月份可对枯叶、老叶、病叶和不完整、特殊的、不整齐的叶片等将整个叶片从干的顶部剪除，以利新叶的生长，形成一个完美整齐的冠形。春季新叶长出时，适当剪去植株下部的老叶、病虫叶、残叶。如果植株较小、不整齐、展开的角度不理想，可将顶部原有叶片全部剪去，以使新叶长出，株形更加完美。平时及时剪去多余的根及芽体（图 10-35）。

由于苏铁的叶柄较长，修剪时应从叶柄基部剪下，不宜留残柄。

北方寒冷地区，冬季应加强防寒措施（图 10-36）。

二十四、棕榈

棕榈（*Trachycarpus fartunei*）为棕榈科棕榈属植物，别名棕树。

（a）剪去老叶、枯叶　　　　　（b）新叶长出后剪去老叶

图 10-35　苏铁修剪

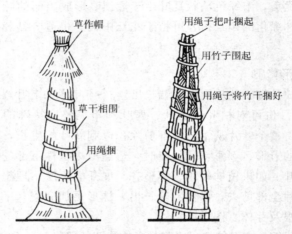

图 10-36　苏铁在北方越冬保护方法

1. 生物学特性

常绿乔木。树冠伞形，干圆柱形，耸直而不分枝。干皮生有棕色皮，棕皮剥落后即有环状痕迹。叶簇生于顶端向外开展，叶形掌状如扇，柄长 40~100 厘米，两侧有细齿，有高低起伏的皱褶，先

端分裂 50 厘米左右，每小裂片先端有 2 小裂。花单性，雌雄异株，肉穗花序，4～5 月份末开淡黄色花。核果球形，由青色逐渐变为黑色，11 月份成熟。

阴性树种，喜温暖湿润、肥沃的黏质壤土。耐寒，耐阴。播种繁殖。幼树在庇荫处生长良好。浅根性，不抗风。抗有害气体。

树干挺拔秀丽，树冠较小，适宜小空间种植。庭园中可植于建筑物前、路旁等。适于工厂绿化，也可盆栽布置室内。

2. 整形修剪（图 10-37）

单干式树形无分枝，只有扇形叶片生长在单干的顶部。因此，可随时修剪下垂的枯叶。另外，秋季可将黑色的果枝从基部剪去。

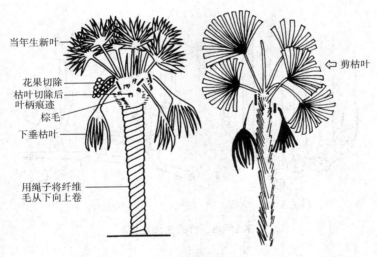

图 10-37 棕榈修剪

二十五、常见观赏竹类

这里特指禾本科中的一些观赏竹。

1. 生物学特性

我国观赏竹种类多、分布广，根据形态习性的不同可分为散生竹、丛生竹、混生竹三大类（图 10-38）。

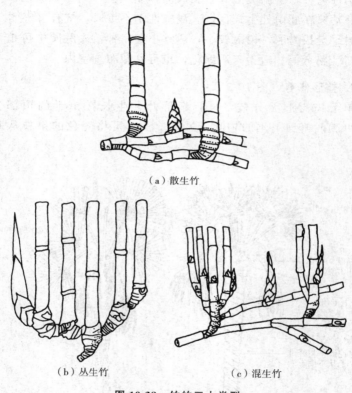

（a）散生竹

（b）丛生竹　　　　　　　（c）混生竹

图 10-38　竹的三大类型

（1）散生竹　具有地下横走的竹鞭（也称马鞭）。竹鞭有节，节上生根。每节着生芽，发育成新鞭或新竹。夏、秋季节，竹鞭梢端节上的芽萌发成鞭笋，鞭笋在地下横向生长，形成新鞭。由于竹鞭在地下的分布纵横交错，所以竹子散布在林中，故称散生竹，例如毛竹、刚竹、淡竹、桂竹、石竹、水竹等。因竹品种的不同，竹叶及竹竿都具有色彩的变化，所以竹类具有很高的观赏价值。

（2）丛生竹　没有地下横走的竹鞭。老竹蔸的地下部分有8～12个生根的节，短缩膨大，形似烟斗，每个节上有一个大型芽。夏秋季节，大型芽发育成竹笋。出土较早的竹笋，当年秋季就抽枝展叶；出土较晚的竹笋，要到第2年春才抽枝展叶。由于这类竹种每年生长的新竹，是由老竹蔸上的芽发育而成，所以与老竹十分靠近，形成密集的竹丛，故称丛生竹。例如青皮竹、撑篙竹、粉单竹、慈竹、麻竹等。

（3）混生竹　它和散生竹一样，具有地下横走的竹鞭，又和丛生竹一样，老蔸上的芽可发育成新竹和新鞭。混生竹的竹笋出土时间一般在5～6月份。竹笋出土后，经过一个多月的生长，就抽枝展叶，形成新竹。混生竹的竹鞭和竹蔸上的芽都能长成竹竿，可以形成密度较大的竹林。主要的混生竹有苦竹、茶秆竹等。

不同类型的竹种繁殖特性也不同。一般丛生竹的竹蔸、竹枝、竹竿上的芽都具有繁殖能力。所以可以用移竹、埋蔸、埋秆及插枝育苗等方法进行繁殖。散生竹和混生竹的竹竿和枝条没有繁殖能力，只有播种或移竹蔸、竹鞭繁殖，其上的芽能发育成新竹鞭和新竹。

2. 整形修剪（图10-39、图10-40）

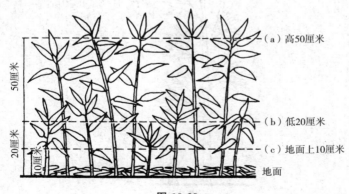

图 10-39

213

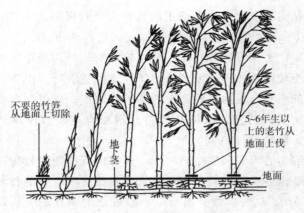

不要的竹笋
从地面上切除

地下茎

5~6年生以
上的老竹从
地面上伐

地面

图 10-39 伐竹基本方法

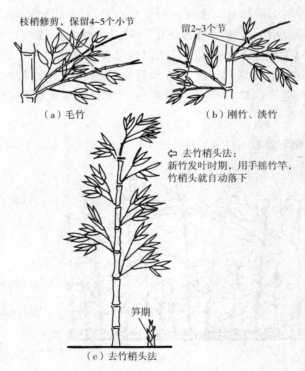

枝梢修剪，保留4~5个小节

留2~3个节

（a）毛竹

（b）刚竹、淡竹

⇦ 去竹梢头法：
新竹发叶时期，用手摇竹竿，
竹梢头就自动落下

笋期

（c）去竹梢头法

图 10-40 不同竹类的修剪

散生竹、混生竹的竹林就是一棵竹树。因此，竹株的砍伐就是竹的整形修剪。竹子有老、中、青、幼，大、中、小，粗、中、细之分。例如刚竹、淡竹、苦竹、茶秆竹等细竹种，一般 3 年以上砍伐，大毛竹 6 年左右砍伐。采伐季节以秋末冬初为宜，因为这时的竹子地上、地下部分生长缓慢，不会影响竹笋和竹鞭生长。同时要把畸形竹、死竹、废竹等清除。在大风口或易遭雪压的地方，可剪去 1/3～1/2 竹梢，以防风倒雪砸。为了观赏的需要，散生竹，在当年新竹生长发育健全之后，即一般在 6～7 月份就可以伐去三年生以上的老竹，留下嫩绿色的竹竿，青翠漂亮。以控制生长为目的时，可把新竹梢头剪去或打去一部分下层枝条，使新竹挺拔直立又整齐。

粗竹子伐去后所产生的地下鞭会变细，细鞭上只能长出细竹。反之，伐去细竹，地下生长的新鞭能变粗，在粗鞭上会生出大竹笋，大笋可长出既粗又高的竹株，而使整个竹林中的竹株越来越粗大。掌握这种特性，因地制宜，灵活运用，就会达到预期的效果。

丛生竹的一丛竹子也是一株竹树。竹丛中，二年生的竹株正处于养分积累丰富的时期。所以一般砍伐三年生以上的竹株较适宜。注意刀口越接近地面越好。绿色地被竹可根据环境的需要统一修剪，宜保留 10～50 厘米高度。

落叶类花木

一、银杏

银杏（*Ginkgo biloba*）为银杏科银杏属植物，别名公孙树、白果树。

1. 生物学特性

落叶大乔木。树冠广卵形。叶扇形，单生于长枝或簇生于短枝上，浅裂脉平行，表面淡绿色，秋季为金黄色。雌雄异株，4～5月份开花。果实球形，黄色，11 月份成熟。变种有塔形银杏、垂枝银杏、大叶银杏、斑叶银杏、黄叶银杏。

亚热带及温带树种。喜光，不耐阴，较耐寒，耐旱，也耐高温、多雨气候，对土质适应性强，全国各地均能生长。深根性树种，根系发达，不畏狂风，低湿地不宜种植。对大气污染有一定抗性。生长很慢，寿命极长。播种、分蘖、扦插、嫁接繁殖。

树冠大，荫蔽效果好，叶色秋天由绿变黄，适于孤植和创造庭园主景景观。深根性，抗风力强，可作为防风树。雄株适于观赏，雌株结果，果实可以食用。

2. 整形修剪（图 10-41）

幼树，易形成自然圆锥形树冠。短截顶端直立的强枝，可减缓树势，促使主枝生长平衡。冬季剪除树干上的密生枝、衰弱枝、病枝，以利阳光通透。为了保持冠内空间，主枝一般保留 3～4 个。在保持一定高度情况下，摘去花蕊，整理小枝。成年后剪去竞争枝、

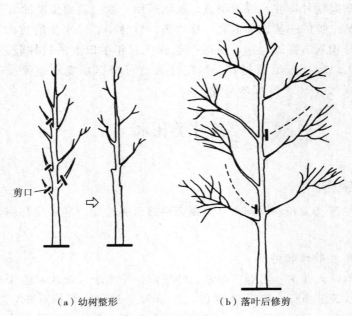

剪口

（a）幼树整形　　　（b）落叶后修剪

图 10-41　银杏修剪

枯死枝、下垂衰老枝，使枝条上短枝多、长枝少。雌株应尽快更新产生结果枝，以提高结果量。隐芽寿命长，易萌生小树，可随时剪除或移植至其他地方。可随时进行修剪，整理树枝，使其体量大小与庭园相适应。由于银杏生长势较强，可根据个人爱好进行整形修剪。

二、国槐

国槐（*Styphnolobium japonica*）为豆科槐属植物，别名槐树、豆槐、白槐、细叶槐。

1. 生物学特性

落叶乔木。树冠椭圆形或倒卵形。合轴分枝，冬季枝梢易受冻坏。奇数羽状复叶，互生，小叶卵形全缘，7～17 片。顶生圆锥状花序，7～8 月份开黄白色花。荚果念珠状，10 月份成熟。变种有龙爪槐、紫花槐、五叶槐、岭南槐、云南槐、甘肃槐等。

原产于中国和朝鲜。生长快，寿命长。性喜阳，也能耐阴，喜湿润、肥沃深厚的土壤，也可在干旱的土壤上生长。

树冠大而优美，花期较长，夏秋间槐花盛开，蜜蜂群集，为优良的蜜源植物。常孤植于建筑庭院或草坪一隅，也常用作行道树。

2. 整形修剪 （图 10-42）

早春，选留端直健壮、芽尖向上生长枝，截去梢端弯曲细弱部分，抹去剪口下 5～6 枚芽。夏季，重剪竞争枝，除去徒长枝，培养中央领导干。幼时短截主干，每年留 2～3 个主枝。生长期，对主枝进行 2～3 次摘心，控制长势。每年主干向上生长一节，再留 2 个主枝，而主干下部则要相应疏剪一个主枝，维持整个叶面积不变。当冠高比达到 1：2 时，则可任其自然生长。2～3 年生幼树如果干形不好，可采用截干法来获得挺直的干形。

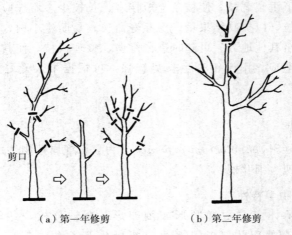

（a）第一年修剪　　　　　（b）第二年修剪

图 10-42　国槐修剪

三、龙爪槐

龙爪槐（*Styphnolobium japonicum*'Pendula'）为豆科槐属植物国槐的变种，别名盘槐。

1. 生物学特性

落叶乔木。树冠伞形。树皮灰黑色，有浅裂；粗枝扭曲，小枝下垂。奇数羽状复叶，小叶 7～12 片，卵形。圆锥花序，花黄白色。果实念珠状，初为绿色，老时渐变黄褐色。花期 7～8 月份，果期 10 月份。

中性树，喜阳光，喜生于湿润、肥沃、深厚的土壤。寿命长，隐芽极易萌发，又耐修剪。

树冠呈伞形，小枝弯曲而下垂，在园林中常种植于出入口处、建筑物前、庭园及草坪边缘，是优美的装饰性观赏树种。

2. 整形修剪 （图 10-43）

龙爪槐嫁接成活后，要注意培养均匀的树冠。

夏季，当新梢长到一定长度时，要及时剪梢。悬垂形树木的剪口位置宜在枝条外芽的下方，剪口处留上方的芽，这样新芽萌生的新枝向外生长，可使树冠向外扩展。

　　冬季修剪以短截为主，适当结合疏剪，修剪时在枝条拱起部位短截，剪口芽应选留向上、向外的芽，以扩大树冠；每个主枝上的侧枝须按一定间隔选留，并进行短截，使其长度不超过所从属的主枝；各个主枝上侧枝的安排要错落相间，以充分利用空间。

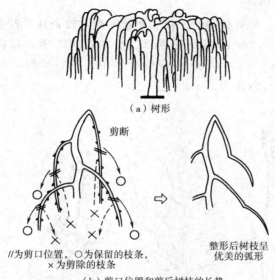

（a）树形

（b）剪口位置和剪后树枝的长势

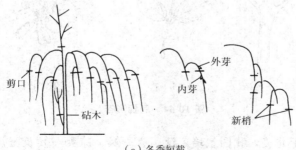

（c）冬季短截

图 10-43　龙爪槐整形修剪

日常修剪，剪除砧木上的萌芽，尤其是要剪除砧木上长出的直立枝条，以防影响树形。还应注意剪除树冠内的弱枝、病虫枝、杂乱的背下枝，以保持树冠优美。

四、刺槐

刺槐（*Robinia pseudoacacia*）为豆科刺槐属植物，别名洋槐。

1. 生物学特性

落叶乔木。树冠长圆形。树皮网状纵裂，枝条具托叶刺。奇数羽状复叶，小叶 7～19 片，椭圆形。总状花序下垂，花白色，清香。荚果扁平（图 10-44）。其变种有无刺洋槐、伞槐、粉花刺槐等，均可供园林绿化用。

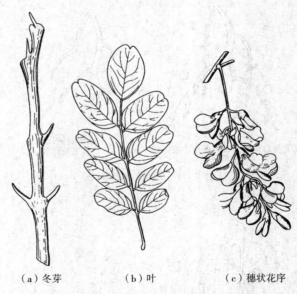

（a）冬芽　　　（b）叶　　　（c）穗状花序

图 10-44　刺槐形态

原产于北美，我国栽培广泛。喜干燥、凉爽气候及肥沃湿润的沙土。适应性强，耐寒，耐旱。在自然生长情况下，刺槐分枝力强、生长旺盛，往往形成一个广卵形树冠，但多数树干低矮、枝杈过多，形成"小老树"。

常作行道树、成片绿荫树使用。开花季节，满树白色花序，甚为美观。

2. 整形修剪（图 10-45）

整形应从栽后第一年冬或第二年春就开始，这时应修去与主干竞争的侧枝。强健的大苗，可先选出健壮直立、处于顶端的一年生枝条，作为主干的延长枝，然后剪去其先端 1/3～1/2。其上侧枝逐个短截，使其先端均不高于主干剪口即可。这样 5～8 年后，树干高度可在 6 米以上。当树干长到一定高度之后，剪除树冠上的竞争枝、徒长枝、直立枝、过密的侧枝、下垂枝、枯死枝等。

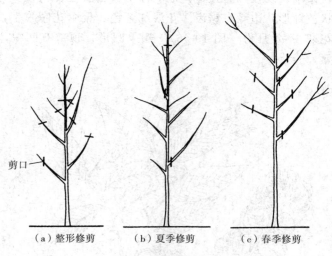

剪口

（a）整形修剪　　　　（b）夏季修剪　　　　（c）春季修剪

图 10-45　刺槐修剪

夏季以修枝为好，修枝具有伤口小、愈合快的优点。夏季修剪后不再萌发大量枝条，有利于幼树生长。根据"压强留弱、去直留平"和"树冠上部重剪、下部轻剪"的原则，剪去直立强壮的侧枝，分次中截，剪口下方保留小枝条，不能从基部疏剪掉，以免主梢风折或生长衰弱。

春季，当枝条长到 30 厘米左右时，保留健壮的直立枝条作为主枝培养，其余的截去枝条长度的 1/3 左右，可连续 2～3 次。对树冠下的大枝，要逐年截，留弱枝。修枝以后，主干或主要侧枝上的旺长枝，要进行摘心或剪梢；树干基部、主干顶端所萌发的新芽、萌条枝都应及早剪去。

五、榆树

榆树（*Ulmus pumila*）为榆科榆属植物，别名白榆、家榆、钱榆。

1. 生物学特性

落叶大乔木。合轴分枝，球形树冠。侧芽互生，呈两侧排列，一年生枝条细，发枝能力强，树冠上部易长出直立徒长枝。叶卵形或椭圆状披针形，边缘有锯齿。花淡红紫色，聚伞花序簇生，先花后叶，花期 3～4 月份（图 10-46）。翅果圆形，顶部有凹缺，4～6 月份成熟。

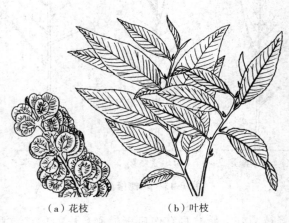

（a）花枝   （b）叶枝

图 10-46   榆树花枝、叶枝

阳性树种。喜光，耐寒，耐干瘠薄和轻盐碱土，适应性强。萌芽力强，耐修剪，根系发达，抗风力强。播种繁殖。

树冠大，成荫好，在园林绿化中可作庭荫树、行道树，也可盆栽，制作盆景。

2. 整形修剪（图 10-47、图 10-48）

（1）冬剪　冬春季节直到发芽前短截顶梢，注意长势强的顶梢轻剪，长势弱的顶梢强剪。定植苗应剪去当年生顶梢的一半。侧枝直径超过主干直径 1/2 的宜重剪，疏剪密生侧枝，使侧枝长度自下向上错落分布，逐个缩短，促进主干生长。

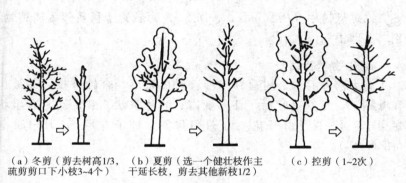

（a）冬剪（剪去树高1/3，　（b）夏剪（选一个健壮枝作主　（c）控剪（1~2次）
疏剪剪口下小枝3~4个）　干延长枝，剪去其他新枝1/2）

图 10-47　榆树不同季节的修剪

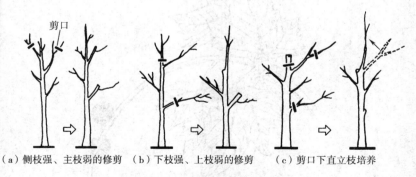

（a）侧枝强、主枝弱的修剪　（b）下枝强、上枝弱的修剪　（c）剪口下直立枝培养

图 10-48　榆树不同枝的修剪

（2）夏剪　在新枝中选一个最好的枝作主干延长枝，将其余3~5个新枝剪去 1/2~2/3。在新的主干上端，短截可能产生的二

次枝，保证主干优势。因为主干延长生长很快，还要适当疏剪下部侧枝，保持冠高比为 2∶3 左右。冠形不好的幼树可用高截干法修剪，以利形成美观的庭荫树冠。

干高固定后，则可任树冠自然生长。为了使树干生长匀称，必须做到全树侧枝分布均匀，要短截树冠基部的侧枝和树冠内部的侧枝，及时除去老枝和枯枝等。

六、二球悬铃木

二球悬铃木（*Platanus acerifolia*）为悬铃木科悬铃木属植物，别名英国梧桐。

1. 生物学特性

高大落叶乔木。树冠圆球形。树皮光滑，合轴分枝。芽被包在叶柄下，冬季落叶后，芽才裸露。叶片掌状 5 裂，幼时有星状短柔毛。4～5 月份开花。11 月份果熟，种子有毛，5 月份飞落（图 10-49）。

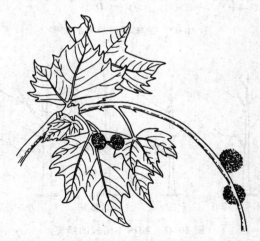

图 10-49 悬铃木果枝

阳性树种。较耐寒，适应各种土壤。属于浅根性树种，要控制树冠生长，以防风倒。生长迅速，发枝快，分枝多，再生能力强。

树冠大，树枝密，是良好的行道树和庭荫树种。

2. 整形修剪

（1）合轴主干形修剪　悬铃木是具有顶芽的主轴式生长的树种，所以合轴主干形修剪时只要保留强壮顶芽、直立枝，养成健壮的各级分叉枝，使树冠不断扩大即可（图10-50）。

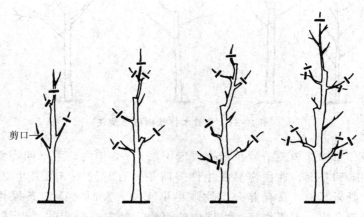

剪口

图10-50　悬铃木合轴主干形修剪法

（2）杯状树形修剪　悬铃木是具有顶芽的主轴式生长的树种，所以在杯状整形时，就必须去掉顶芽、顶芽枝、直立枝，才能养成健壮的各级分叉枝，使树冠不断扩大。幼树时，根据功能环境需要，保留一定高度（3.5米），截去主梢而定干。剪口下留多个侧芽，生长期内及时剥芽，保留3枚壮芽，以利今后三大主枝的旺盛生长。冬季可在每个主枝中选2个侧枝短截，以形成6个小枝。夏季摘心，控制生长。第二年冬季在6个小枝上各选2个枝条短截，则形成3主6枝12杈的杯状造型。以后每年冬季可剪去主枝的1/3，保留弱小枝为辅养枝。剪去过密的侧枝，使其交互着生侧枝，但长度不应超过主枝。对强枝要及时回缩修剪，以防树冠过大、叶幕层过稀。及时剪除病虫枝、交叉枝、重叠枝、直立枝。大树成形后，每两年修剪一次，可避免种毛污染（图 10-51）。

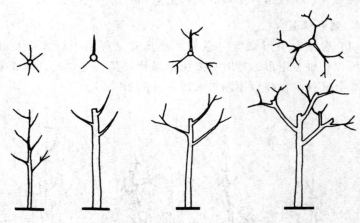

图 10-51　悬铃木杯状树形修剪法

（3）抹芽和疏梢　在定植或定干后 1～2 年内，主干四周尤其是顶端和基部，往往容易滋生许多萌条，有时同一节位并生 2～3 个，既碍观瞻，又耗养分，故须尽早去除。及时去除萌条操作简易，愈合快，不留伤疤。先端内的萌蘖，是主枝分布的关键部位，通常要分两次疏除。第一次在新梢开始延伸时（在 4 月中旬前后），把密集、拥挤、细弱的萌蘖先除去，整形带内只留 5～8 个健壮萌蘖，确保四面有枝。第二次可在新梢基部开始木质化时（5 月底 6 月初），把顶端第一枝的方位留向干道，然后每隔 10～20 厘米，分别选留一个新梢，此时如果新梢长势较强，可留 30～40 厘米剪去先端，并将过于直立、下垂的新梢分别予以摘心、短截、疏除。此时在主干中下部仍可再次发生萌蘖，仍须及时疏除，不留残桩。

此外，如果人行道上空狭窄，架空线多，建筑物高，树身易外倾，在台风季节危险性大的地段，可以整修成狭杯状。即树冠不宜过高、过宽，使树木重心适当降低，减少外偏，以利于防台风和交通，也有利于树木挺拔整齐。对于个别大树出现年生长微弱、叶片瘦小、枝叶稀疏呈衰老现象时，可以采取更新回头，并配合其他养护措施使之复壮。对栽种多年、发育不好的僵树，为保证有一定的营养面积，在冬季修剪时，应掌握少修或不修的原则。对拓宽道路移植的、台风吹倒后强截扶起的树，按要求重新培养好骨架，加强养护管理，使之早日成荫（复发新生）。

七、旱柳

旱柳（*Salix matsudana*）为杨柳科柳属植物，别名柳树、青皮柳等。

1. 生物学特性

落叶大乔木。树冠圆形或倒卵形。皮纵裂，枝条斜展。叶披针形，正面绿色有光泽，背面带白色。菜荑花序，先于叶开放。种子具有丝状毛，可以随风飘飞而传播。其栽培品种有龙爪柳，枝条扭曲；绦柳，枝细下垂等。

在我国分布很广，喜疏松、潮湿、肥沃土壤。适应性很强，既能耐瘠薄干旱，也可在轻度盐碱地上生长。喜光，耐寒，耐水湿，根系发达，萌发力强。生长快，抗污染环境能力强。

适宜在溪边、水边、低湿的地方绿化配植。

2. 整形修剪（图 10-52）

旱柳插条或定植 2 年后，根系健全，之后冬季可进行截干修剪。春季萌发时，选留 1 根壮条作为主干，当年高可达 2 米以上，并可长出二次枝。

第一年，成活后幼树的地面上部分生长弱，根系开始扩大，全部剪去地上部分（见图 10-52 左图），来年有好的根，会长出壮芽，发育成壮苗。

冬季短截梢端较细的部分，春季保留剪口下方的一枚好芽，第二年剪去壮芽下方的二级枝条和芽，再将以下的侧枝剪去 2/3，其下方的枝条全部剪除。继续 3～5 年修剪，干高可达 4 米以上，再整修树冠，控制大侧枝的生长，均衡树势。

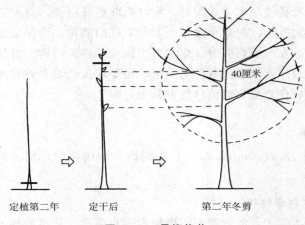

40厘米

定植第二年　　定干后　　第二年冬剪

图 10-52　旱柳修剪

八、垂柳

垂柳（*Salix babylonica*）为杨柳科柳属植物，别名水柳、倒柳、垂丝柳、垂枝柳。

1. 生物学特性

树冠扩展而枝条下垂，株高可达 18 米。树干褐色，圆满粗壮。叶绿色，单叶互生，狭长披针形，先端渐尖，基部楔形，两面无毛，边缘有锯齿，全缘。花小，单性；雌雄异株，多先叶后花或与叶近同时开放，花期 3～4 月份。蒴果，5～6 月份成熟。种子小而光滑，黑色，常附有白色丝状毛，呈絮状，随风飞扬，宛如雪飘。

原产于北半球温带地区。可耐 −25℃ 甚至更低温度，喜光照，耐水湿。

宜作公园绿化、行道树、片林、池塘边、河岸坡地的防护林带，也可植于庭园或房前屋后。

2. 整形修剪（图 10-53）

定干后，自然生长，保留 3 个强壮主枝。冬季修剪，选择错落分布的健壮枝条，进行短截，创造第一层树冠结构，第二年再短截

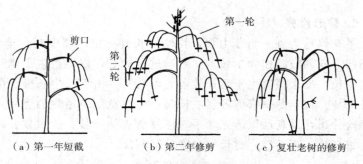

（a）第一年短截　　（b）第二年修剪　　（c）复壮老树的修剪

图 10-53　垂柳修剪

中心干的延长枝，同时剪去剪口附近的 3～4 个枝条，在中心干上再选留二层树冠结构，并短截先端。对上一年选留的枝条进行短截，以扩大树冠，以便形成主干明显、主枝上的柳枝层层下垂的树冠。

平时，注意疏剪衰弱枝条、病虫枝条等。对老弱的大树，可从第二枝处锯掉树头更新，留 3～4 个萌发枝条作为主枝，剪去其他弱小枝条。根据需要，适当剪去垂直的长枝，以保持树冠整体美观。

九、红叶李

红叶李（*Prunus cerasifera*）为蔷薇科李属植物，别名紫叶李。

1. 生物学特性

落叶小乔木。树冠球形。枝条细，幼枝紫红色。叶卵形至倒卵形，边缘有锯齿，褐紫红色。花单生，水红色，花期 3～4 月份。核果球形，暗红色，7 月份果熟。

喜光，喜温暖湿润气候，对土壤要求不严。在庇荫条件下叶色不鲜艳。不耐寒，较耐湿。压条、扦插、嫁接繁殖。

嫩叶鲜红，老叶紫红，在整个生长期满树红叶，园林中常作观叶风景树，与常绿树相配或在白粉墙前种植，可以创造各种园林植物景观。也可盆栽，布置室内会场等处，都很雅致。

2. 整形修剪 （图 10-54）

冬季修剪为宜。萌芽力强，当幼树长到一定的高度时，选留 3 个不同方向的枝条作为主枝，并对其进行摘心，以促进主干延长枝直立生长。如果顶端主干延长枝弱，可剪去，由下面生长健壮的侧主枝代替。每年冬季修剪各层主枝时，要注意配备适量的侧枝，使其错落分布，以利通风透光。平时注意剪去枯死枝、病虫枝、内向枝、重叠枝、交叉枝、过长和过密的细弱枝。

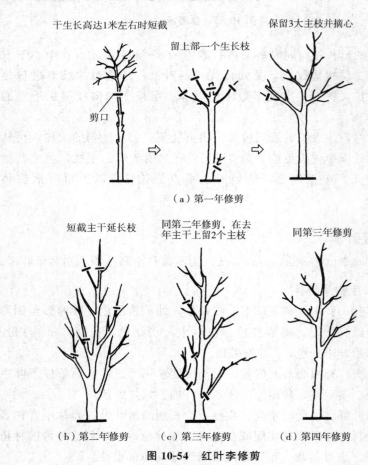

图 10-54 红叶李修剪

十、鸡爪槭

鸡爪槭（*Acer palmatum*）为无患子科槭属植物，别名红枫、羽毛枫。

1. 生物学特性

落叶小乔木。树冠扁圆形或伞形。小枝紫色细瘦。叶对生，掌状或 7 裂，基部心脏形（图 10-55）。常见变种有：紫红叶鸡爪槭（红枫）、金叶鸡爪槭（黄枫）、细叶鸡爪槭（羽毛枫）、深红细叶鸡爪槭（红叶羽毛枫）、条裂鸡爪槭（蓑衣槭）。

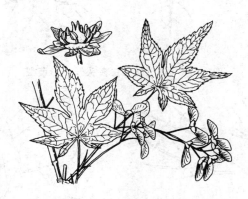

图 10-55　鸡爪槭形态

原产于我国温带地区。喜湿润、富含腐殖质、肥沃、排水良好的土壤，耐旱，怕涝。

嫩叶青绿，秋叶红艳，小花紫红色，翅果幼时紫红、熟后变黄。整株姿态优美，植于园林之中、溪边、池畔、路旁、粉墙前，红叶摇曳，雅趣横生。小叶型植株宜作盆景，也是瓶插、切花的好材料。为珍贵的色叶树木，是公园、庭园绿化常用观赏树。

2. 整形修剪（图 10-56、图 10-57）

12 月份至第二年 2 月份或 5～6 月份进行修剪。

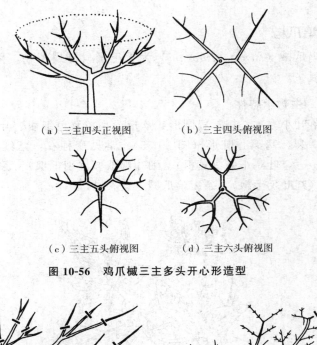

（a）三主四头正视图　　　（b）三主四头俯视图

（c）三主五头俯视图　　　（d）三主六头俯视图

图 10-56　鸡爪槭三主多头开心形造型

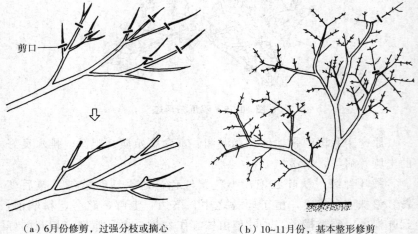

剪口

（a）6月份修剪，过强分枝或摘心　　　（b）10~11月份，基本整形修剪

图 10-57　鸡爪槭不同时期的修剪

（1）幼树　易产生徒长枝，应在生长期及时将它从基部剪去。新梢剪除后伤口易愈合，5～6月份短剪保留枝，调整新枝分布，

使其长出新芽，创造优美的树形。

（2）成年树 要注意冬季修剪直立枝、重叠枝、徒长枝、枯枝、逆枝以及基部长出的无用枝。由于粗枝剪口不易愈合，木质部易受雨水侵蚀而腐烂成孔，所以应尽量避免对粗枝进行大剪。10～11月份剪去对生枝中的一个，以形成相互错落的生长形式。

十一、楝树

楝树（*Melia azedarach*）为楝科楝属植物，别名苦楝、楝枣子。

1. 生物学特性

落叶乔木。树冠宽阔而平展。幼树树皮孔明显，老树皮浅纵裂。小枝粗壮，老枝条紫褐色。奇数羽状复叶，小叶椭圆形或卵形。圆锥状花序，花淡紫色。核果球形，成熟时橙黄色，经久不落。花期4～5月份，果期11月份（图10-58）。

产于我国黄河流域以南地区，分布较广。适应性强，在微酸性、中性、碱性土壤上都

图 10-58 楝树花枝

能生长，耐干旱，耐瘠薄土壤，不耐水湿，耐寒，喜光，生长快，抗污染。

羽叶舒展，夏季开淡紫色花，淡雅秀丽，宜作绿荫树及行道树。园林中可配植于池边、坡地、草坪边缘和园路两侧。

2. 整形修剪（图10-59、图10-60）

幼苗定植成活后，冬季或初春时短截幼苗先端，保留剪口下方强健饱满的侧芽。健壮的直干苗木轻短截；细弱的苗木重短截。

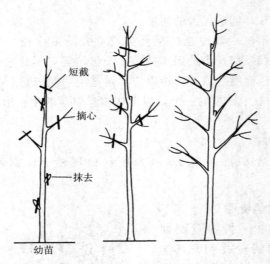

图 10-59　棟树幼苗栽植后的整形修剪

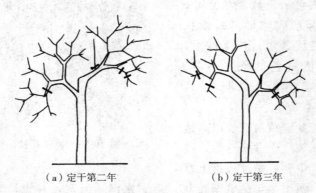

（a）定干第二年　　　　　　（b）定干第三年

图 10-60　棟树定干后第 2～3 年的树冠修剪

当主干上端新芽长到 3～5 厘米时，选择先端第一枚芽作为中心主干培养，在其下方选留 2 枚弱芽进行摘心，作为主枝培养，抹去其他侧芽，以便当年形成 2 米以上的主干。

第二年冬春，如上法对中心主干进行短截，在当年生主干中下部选留 3 个错落生长的新枝，作为主枝培养。

第三年冬春，同上法进行修剪，剪口芽的方向要与上年相反，以便长成通直的树干，达到一定高度时任其自然生长。

十二、黄栌

黄栌（*Cotinus coggygria*）为漆树科黄栌属植物，别名红叶树、烟树、栌木。

1. 生物学特性

落叶灌木或小乔木。高达 5～8 米。树冠圆球形或半圆形。幼枝红褐色，被有白蜡粉。单叶互生，近圆形，长 3～8 厘米；先端圆、微凹，全缘，无毛或仅下面脉上有短柔毛，侧脉顶端常分叉，叶柄细长，嫩叶鲜红色，秋叶变红。圆锥状花序生于枝顶，花黄色，花后羽状粉红色花梗久留枝上。核果小，偏肾脏形，红色。花期 4～5 月份，果期 6～8 月份。变种有毛黄栌、紫叶黄栌、垂枝黄栌、四季花黄栌等，均为优良观赏树种。

主产于我国中部及北部，西南也有分布，黄河流域及长江流域多有栽培。喜光，也能耐半阴，喜深厚肥沃土壤，耐瘠薄和盐碱。喜干燥，不耐水湿。较耐寒，北京香山红叶就是此树。萌蘖性强，生长较快。对二氧化硫抗性强。

叶色秋季变红，鲜艳夺目，每至深秋，层林尽染。花后，留有淡紫色羽毛状的长花梗，宿存枝顶，成片栽植时，远望宛如万缕罗纱缭绕林间，故有"烟树"之称，是著名的秋色观赏树种。宜丛植于斜坡、草坪，也可与红叶类树木组成秋景。

2. 整形修剪 （图 10-61）

宜在冬季至早春萌芽前进行修剪。幼树的整形修剪，要在定干高度以上选留分布均匀、不同方向的

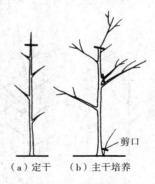

（a）定干　　（b）主干培养

图 10-61　黄栌定干和主干培养

几个主枝形成基本树形。

冬季，短截主枝条，以调整新枝分布及长势。剪掉重叠枝、徒长枝、枯枝、病虫枝、无用枝。

在生长期中，要及时从基部剪除徒长枝。平时要注意保持主干枝的生长，及时疏剪竞争枝，同时加强对侧枝和内膛枝的管理，以保证树体枝叶繁茂，树形优美。

十三、流苏树

流苏树（*Chionanthus retusus*）为木樨科流苏树属植物，别名缫花木、萝卜丝花。

1. 生物学特性

落叶小乔木。高可达 20 米。树干灰色，细碎块薄片爆裂，大枝条的皮纸状剥裂，开展。单叶对生，小叶卵圆形、倒卵状椭圆形，长 3～10 厘米，全缘，或有时有小齿。聚伞状圆锥花序大而松散，生于侧枝顶端；雌雄异株；花瓣白色，花冠联合，花冠筒甚长，裂片线形，微有香气。核果卵圆形，暗蓝黑色。花期 4～5 月份，果期 9～10 月份。

分布于我国东北、华北、华东、华南各地区。耐寒，喜光，耐旱，较耐阴，耐寒力强，不耐水涝。对土壤要求不严，但在肥沃、湿润、疏松、排水良好的土壤中生长最佳。生长较慢，寿命长。

树形优美，枝叶繁茂，花瓣狭长线状，形若流苏、清丽宜人，盛花时，白雪满树，清丽悦目。是建筑物周围或公园溪边、池畔、路旁、草坪绿化的优美观赏树种。

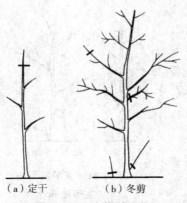

（a）定干　　　（b）冬剪

图 10-62　流苏树修剪

2. 整形修剪 （图 10-62）

在苗期进行定干修剪，

剪去不必要的侧枝，并培养均匀分布的骨干枝，成为主干明显的乔木。

流苏树生长较慢，过度修剪会影响其树势，尤其是下部侧枝不能过度修剪，以保持树冠完整，否则开花时形成伞状，下部无花。

平时要及时剪除乱枝、过密枝、徒长枝等。

十四、鹅掌楸

鹅掌楸（*Liriodendron chinense*）为木兰科鹅掌楸属植物，别名马褂木、鸭掌树等。

1. 生物学特性

落叶大乔木。主干耸立，树冠圆锥形或长椭圆形，高可达 42 米，胸径可达 1.5 米。树皮灰白色，平滑或有浅纵裂。单叶互生，叶背苍白色，叶形马褂状，先端平截或微凹，两侧各具一列，长 4～18 厘米、宽 5～19 厘米，秋季变为金黄色。花生于枝端，杯状，如金盏，外花被淡绿色，表面有白毛，内壁橙黄色，大而美丽。花期 4～5 月份，雌雄花期不一。聚合果纺锤形，小坚果具翅，熟期 10 月份。种子细小，逐渐飘散。

原产于我国，主要分布于长江流域以南各地区，不耐瘠薄土壤，生长适温 20℃，可耐－17℃低温。中性偏阳，忌干旱和积水。

2. 整形修剪（图 10-63）

有明显的主轴、主梢，所以必须保留主梢。主梢如果受损，必须再扶 1 个侧枝，作为主梢，将受损的主梢截去，并除去其侧芽。

鹅掌楸为主轴极强的树种，每年在主轴上形成一层枝条。因此，新植树木修剪时每层留 3 个主枝，三年全株可留 9 个主枝，其余疏剪掉。然后短截所留枝，一般下层留 30～35 厘米，中层留 20～25 厘米，上层留 10～15 厘米，所留主枝与主干的夹角为40°～80°，修剪后即可长成圆锥形树冠。

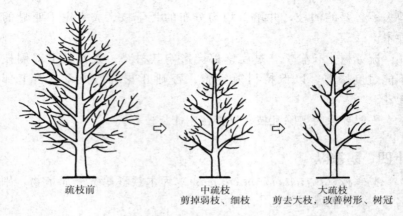

疏枝前　　　　　　　中疏枝　　　　　　　大疏枝
　　　　　　　剪掉弱枝、细枝　　剪去大枝，改善树形、树冠

图 10-63　鹅掌楸疏枝方法

每两年正常修剪，5 年以后树的冠高比可保持在 3∶5 左右。日常注意疏剪树干内密生枝、交叉枝、细弱枝、干枯枝、病虫枝等。

以后每年冬季，对主枝延长枝重截去 1/3，促使腋芽萌发，其余过密枝条要疏剪掉。如果各主枝生长不平衡，夏季对强枝条进行摘心，以抑制生长，达到平衡。对于过长、过远的主枝要进行回缩，以降低顶端优势的高度，刺激下部萌发新枝。

十五、栾树

栾树（*Koelreuteria paniculata*）为无患子科栾属植物，别名灯笼树、摇钱树。

1. 生物学特性

落叶乔木。高达 15 米，树冠球形。树皮灰褐色，纵裂，小枝皮孔明显。叶互生，奇数羽状复叶，小叶 7～15 枚，卵状长椭圆形，春生嫩叶淡红。圆锥花序，花金黄色，花期 6～7 月份。蒴果三角状卵形，膜质果皮结合成灯笼状，9～10 月份成熟时橙红或红褐色。

产于我国北部及中部，分布较广。根系发达，适应性强。喜光也能耐半阴，耐旱，耐湿，耐寒，耐瘠薄和盐碱土。生长较快，抗烟尘及二氧化硫。

树冠优美，枝叶茂盛，春有红叶，夏有黄花，秋有橙果。可作行道树、庭园绿化使用，与枫树、槭树组成秋景，尤具特色。

2. 整形修剪（图 10-64）

定干后，于当年冬季或翌年早春选留 3～5 个生长健壮、分布均匀的主枝，短截留 40 厘米左右，剪除其余分枝。为了集中养分促侧枝生长，夏季及时剥去主枝上萌出的新芽。第一次剥芽，每个主枝选留 3～5 枚芽，第二次留 2～3 枚，留芽的方向要合理，分布要均匀。

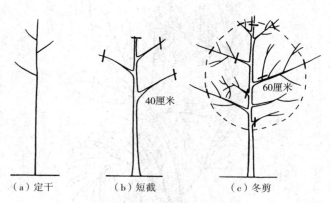

（a）定干　　　（b）短截　　　（c）冬剪

图 10-64　栾树修剪

冬季进行疏枝短截，使每个主枝上的侧枝分布均匀，方向合理。短截 2～3 个侧枝，其余全部剪掉，短截长度 60 厘米左右。这样短截 3 年，树冠扩大，树干粗壮，有利于形成球形树冠。

每年冬季，剪除干枯枝、病虫枝、交叉枝、细弱枝、密生枝。如果主枝的延长枝过长应及时回缩修剪，继续当主枝的延长头。对于主枝背上的直立徒长枝要从基部剪掉。保留主枝两侧一些小侧枝，这样既有空间，又不扰乱树形，也不影响主枝生长。

十六、白蜡树

白蜡树（*Fraxinus chinensis*）为木樨科梣属植物，别名蜡条。

1. 生物学特性

落叶乔木。高达 15 米，树冠呈卵圆形。树皮灰褐色，小枝光滑、无毛。奇数羽状复叶，对生，小叶 5～9 枚，常为 7 枚，卵圆形或卵圆状椭圆形，长 3～10 厘米，先端尖，基部宽楔形，边缘具钝齿，上面有短柔毛，叶柄基部膨大。雌雄异株，圆锥花序，无花瓣。翅果扁平，长圆形（图 10-65）。花期 4～5 月份，果期 9～10 月份。

图 10-65　白蜡花枝、果枝

原产地以长江流域为中心而远及南北各省，现已在我国广泛栽培。喜光，稍耐阴，喜温暖湿润气候，颇耐寒；喜湿，耐涝，也耐旱；对土壤要求不严，在酸性、中性、碱性土壤中均能生长，但在土层深厚、肥沃、湿润的土壤上生长迅速。萌蘗力强，耐修剪；生长较快，寿命长。

树形优美，树冠较大，抗烟尘，叶绿荫浓，秋季叶色变黄，是优良的行道树、河岸护堤树及工厂绿化树种。

2. 整形修剪（图10-66）

大苗可定干抹头栽植，以利于形成整齐树冠和确保成活率。

定干的高度根据栽培需要而定。如果作行道树，主干高度可定为3.0米，树形可采用高干自然开心形和主干疏层形。自然开心形，在主干上着生3～5个主枝，每个主枝上着生2～3个侧枝；主干疏层形，有5～7个主枝，分3层生于中心主干上。

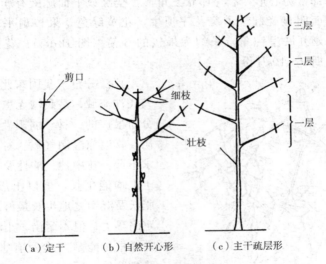

图 10-66 白蜡修剪

新栽的白蜡树，在前2～3年内应采取冬季修剪和夏季修剪相结合的方式进行，目的是培养大主枝，尽快扩大树冠。选择生长健壮、方向合适、角度适宜、位置理想的枝条，作为主枝条培养，主枝以下萌芽全部抹除。

冬季修剪，对主枝进行短截。粗壮的主枝要适当留长些，细弱的主枝要留短一些。再剪除轮生枝、丛生枝、细弱枝、病虫枝、过密枝、干枯枝等。

经过 4～5 年的修剪，主干已相当高大粗壮时，即可停止修剪，让其自然生长。多年生老树要注意回缩更新复壮。

十七、五角枫

五角枫（*Acer pictum* subsp. *mono*）为无患子科槭属植物，别名色木。

1. 生物学特性

落叶乔木。高可达 20 米，树冠圆形。叶掌状 5 裂，长 4～9 厘米，基部常为心形，裂片卵状三角形，全缘或下面脉腋有簇毛，网状脉两面明显隆起。伞房花序顶生，花黄绿色。果核扁平或微隆起，果翅开展呈钝角，长约为果核的 2 倍（图 10-67）。花期 4 月份，果期 9～10 月份。

图 10-67　五角枫果枝

广泛分布于我国东北、华北及长江流域，是我国无患子科中分布最广的一种。弱阳性，稍耐阴，喜温凉湿润气候。对土壤要求不严，在中性、酸性及石灰性土上均能生长，但以土层深厚、肥沃及湿润之地生长最好。有一定耐旱力，但不耐涝，土壤太湿易烂根。能耐烟尘及有害气体。萌蘖性强，深根性。

树形优美，叶果秀丽，入秋叶色变为红色或黄色。宜作庭园绿化树种，与其他秋色叶树种或常绿树配植，彼此衬托掩映，可增加秋景色彩之美，也可用作行道树或防护林树种。

2. 整形修剪 （图 10-68）

定干后留 2 层主枝，全树留 5～6 个主枝，然后短截，第一层和第二层均 50 厘米左右。

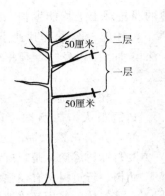

图 10-68　五角枫修剪

夏季，除去全部分枝点以下的蘖芽。主枝上选留 3～4 枚方向合适、分布均匀的芽。

第二次定芽，每个主枝上保留 2～3 枚芽，使它发育成枝条。以后形成圆形树冠，保持树的冠高比 1：2 较为美观。

每年掰芽，剪去蘖枝、干枯枝、病虫枝、内膛细弱枝、直立徒长枝等。

十八、毛泡桐

毛泡桐（*Paulownia tomentosa*）为泡桐科泡桐属植物，别名紫花泡桐。

1. 生物学特性

落叶乔木。高 15 米，树冠宽大圆形。树皮褐色，平滑，小枝粗壮。单叶对生，卵形，嫩枝上有时 3 叶轮生，长 20～29 厘米，先端尖，基部心脏形，上面无毛，下面密生灰白色绒毛，全缘。聚伞状圆锥花序，花冠钟形，鲜紫色或黄紫色（图 10-69）。蒴果，果皮木质。花期 4～5 月份，果期 9～10 月份。同属的观赏植物还有白花泡桐。

原产于我国，分布很广，以河南、山西、安徽、福建等地较为普遍。强阳性树种，不耐阴，喜温暖气候，不耐水湿。对土壤适应性强，在黏土、沙地、干旱瘠薄的弱盐碱土上均能生长，但在土壤深厚、肥沃、湿润、疏松的条件下，才能充分发挥其速生的特性。根系近肉质，怕积水而较耐旱。深根性，主根发达，须根较小，萌蘖性强。生长迅速，顶端优势强。

树形姿态优美，主干通直，树冠很大，树荫浓厚，先花后叶，春季花繁似锦，色彩艳丽，夏日绿树成荫，是很好的绿化庭荫树、行道树。有较强的抗有毒有害气体的能力及吸滞粉尘的能力，是工厂绿化的好树种。

图 10-69　毛泡桐花枝

2. 整形修剪

萌芽力强，以冬季修剪为宜。当幼树长到一定高度时，选留 3 个不同方向的枝条作为主枝，并对其进行摘心，以促进主干延长枝直立生长。如果顶端主干的延长枝弱，可把它剪去，由下面生长健壮的侧枝代替。每年冬季修剪各层主枝时，要注意配备适量的壮枝条，使其错落分布，以利通风透光。平时注意剪去枯死枝、病虫枝、内向枝、重叠枝、交叉枝、过长枝和过密的细弱枝条。

抹芽高干法：苗木定植后，将主干齐地剪去，剪口要平整，并用细土将剪口埋住。到春季，则可从干基部长出 1～2 个枝条。待其长度达 10～15 厘米时，留一个方向好、生长旺盛的作为主干，并将其余的剪除。只要肥水管理得当，一年可长高 4～5 米。第二年冬，毛泡桐根系已经很强大，如上年一样进行第二次平茬，树高1 年生长即达 5～6 米，干形饱满通直，以后就靠树干上部的侧枝形成树冠，促进树干的直径生长。逐年剪除主干下部的主枝，以均衡树势（图 10-70）。

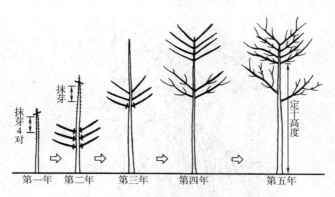

图 10-70　毛泡桐抹芽高干法修剪

　　要想获得主干通直、树冠大、树荫浓厚的造型，可在春季苗木栽植后，当侧芽长出 2 厘米左右时，选定一枚壮芽，在其上方将树梢头剪去，抹去另一个对称芽，而后抹去向下 4 对左右侧芽，再向下的侧芽应保留，当年即可长出 2 米左右的旺梢。依此类推，3～4 年即可达到理想的高度。

十九、梧桐

　　梧桐（*Firmiana simplex*）为锦葵科梧桐属植物，别名青桐。

1. 生物学特性

　　落叶乔木。高 15～20 米，树冠卵圆形。树干端直，树皮光滑、绿色；小枝粗壮，翠绿色。叶互生，心形，有长柄，3～5 掌状分裂，基部心形，裂片全缘，先端尖，上面光滑，下面有星状毛。圆锥花序顶生，花淡黄绿色，无花瓣。果实为干皮质蓇葖果，早在成熟前即开裂呈舟形。种子棕黄色，大如豌豆，表面皱缩，生于果皮边缘（图 10-71）。花期 6～7 月份，果期 9～10 月份。

　　原产于中国及日本。我国华北至华南、西南各地区广泛栽培，分布广泛。喜温暖气候和深厚、湿润的酸性土壤，中性及钙质土也都能适应，但不宜在积水洼地或盐碱地栽种。喜光，也能耐半阴，不耐积水，不耐盐碱，较耐寒。萌芽力弱，不耐修剪。春季发芽迟，而秋

图 10-71　梧桐果枝

天落叶早。深根性，根肉质，高温季节积水 3～5 天即可烂根死亡。生长快，寿命较长，对多种有毒有害气体都有较强的抗性。

树干端直，树皮光滑、绿色，叶大而形美，绿荫浓密，在园林中可用作行道树及居民区、工矿区绿化树种。

2. 整形修剪（图 10-72、图 10-73）

大苗定植前，通常保留 2～3 层分枝为宜。这样不仅外观美，而且因枝叶多，有利于树体营养生长及根系发育。

成年树，要注意主干顶端一层轮生枝的修剪。要确保中心主干顶端延长枝的绝对优势，剪除与其同时生出的轮生分枝。如有与主干形成竞争状态的枝条，必须及时进行修剪控制，决不能放任不管，以免造成分叉树形。

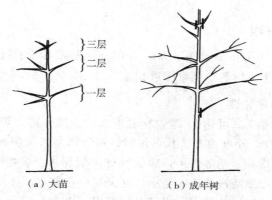

（a）大苗 　　　　（b）成年树

图 10-72　梧桐大苗和成年树的修剪

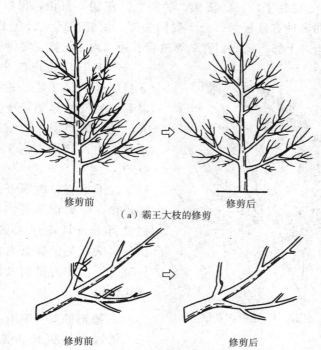

修剪前 　　　　　　修剪后

（a）霸王大枝的修剪

修剪前 　　　　　　修剪后

（b）对生大枝的修剪

图 10-73　梧桐大枝的修剪

二十、七叶树

七叶树（*Aesculus chinensis* Bunge）为无患子科七叶树属植物，别名日本七叶树、浙江七叶树。

1. 生物学特性

落叶乔木。高可达27米，树冠庞大，呈圆球形。树皮灰褐色。掌状复叶对生，小叶通常7枚，倒披针形、倒卵状长椭圆形，长8～16厘米，先端尖，基部楔形，边缘具钝尖细锯齿，表面有光泽。花顶生成直立密集圆锥花序，花小，夏天开白色花（图10-74）。蒴果倒卵形，顶扁平，略凹下，褐黄色，粗糙，无刺，直径3～4厘米，内含1～2粒种子，形如板栗，种脐大。花期5月份，果期9～10月份。同属种有猴板栗，产于我国中部、南部地区；云南七叶树，产于云南，上海、杭州、青岛等地有引种。均为优良观赏树种。

产于华北及长江中下游，苏浙地区、北京栽培较多。喜温和气候及深厚肥沃土壤，喜光，也能耐半阴，较耐寒。深根性。生长较慢，怕干旱，怕日灼。

树干通直，树冠开阔，树姿雄伟，叶大而形美，初夏有白花开放，且花序大如烛台，蔚为可观，是世界著名的观赏树种之一。作行道树及庭园树绿化使用。

图10-74 七叶树花枝

2. 整形修剪（图10-75）

树冠自然生长为圆球形。冬季至早春萌芽前进行修剪。七叶树的枝条为对生，常会出现一些不美观的逆向枝条、上向与下向的枝，对这些枝条均应从基部剪除，保留水平或斜向的枝条，这样全株才能形成优美的树形。

夏季修剪过密枝与过于伸长枝。

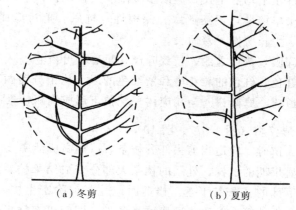

（a）冬剪　　　　　　　　　（b）夏剪

图 10-75　七叶树修剪

二十一、黄连木

黄连木（*Pistacia chinensis*）为漆树科黄连木属植物，别名楷木。

1. 生物学特性

落叶乔木。树冠阔球形，高达 20 米。树皮黑褐色，树皮纵裂；树干扭曲，片状剥落。偶数羽状复叶，小叶 10～14 枚，披针形或卵状披针形，长 5～8 厘米，先端尖，基部偏斜，全缘，秋叶转深红色。花单性，雌雄异株，雄花序红色，形如鸡冠。核果倒卵圆形，熟时红色或紫色（图10-76）。花期 4～5 月份，果期 9～10 月份。

图 10-76　黄连木果枝

我国黄河流域及其以南各地均有分布，其中以河北、河南、山西、陕西栽培最多。喜光，幼时耐阴。对土壤适应性强，酸性、中性、微碱性土上均能生长，但以温暖湿润气候和深厚肥沃沙质壤土为佳。耐干旱瘠薄，不耐严寒。深根性，抗风、抗污染能力较强。萌蘖力强，生长缓慢，寿命长。

树冠浑圆，树形秀丽，枝繁叶茂，早春嫩叶红色，入秋叶变橙黄色或深红色，红色的雌花序和紫红色的果，均十分美丽，是非常优良的行道树、庭荫树。与相应树种配植可形成绚丽秋景。

2. 整形修剪 （图 10-77、图 10-78）

移栽大苗时，应适当剪去部分枝条，以提高成活率。

进入盛果期的植株，外围的枝条大部分变成结果枝。因此，外围枝条和下部的枝条易下垂。修剪时应注意剪除密生枝、交叉枝、重叠枝、病虫枝等，以改善通风透光条件；同时更新结果枝组，以提高枝条的连续结果能力。

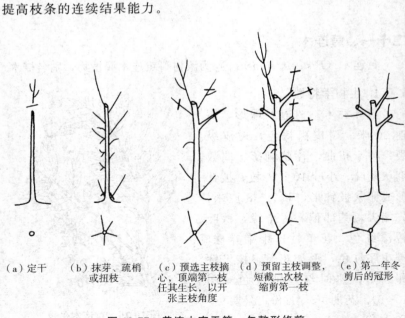

（a）定干　（b）抹芽、疏梢或扭枝　（c）预选主枝摘心，顶端第一枝任其生长，以开张主枝角度　（d）预留主枝调整，短截二次枝，缩剪第一枝　（e）第一年冬剪后的冠形

图 10-77　黄连木定干第一年整形修剪

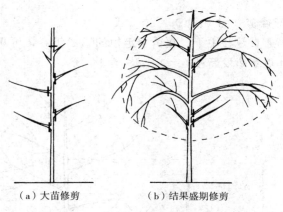

（a）大苗修剪　　　（b）结果盛期修剪

图 10-78　黄连木大苗和结果盛期修剪

衰老树，应注意更新复壮树势。回缩修剪下垂枝条，将下垂结果枝进行重短截或重回缩，复壮效果显著。

二十二、梓树

梓树（*Catalpa ovata*）为紫葳科梓属植物，别名黄花楸、木角豆、大叶梧桐。

1. 生物学特性

落叶乔木。高达 20 米，树冠开展。树皮灰色或灰褐色，纵裂或有薄片剥落；幼枝带紫色，稍有毛。单叶对生或三叶轮生，阔卵形，长 10～30 厘米，掌状 3～5 浅裂，下面基部脉腋有紫斑。圆锥花序顶生，花冠淡黄色，内有黄色条纹及紫色斑点。蒴果细长如筷，冬季悬垂不落。花期 5～6 月份，果期 9～10 月份。

我国东北、华北、华南北部均有分布，以黄河中下游为分布中心。喜阳光、温暖、湿润，稍耐阴，耐寒，在暖热气候下生长不良。深根性，不耐干旱瘠薄，能耐轻盐碱土，喜深厚、肥沃的土壤。对氯气、二氧化硫及烟尘有较强的抗性。无病虫害。

树冠宽大，春日花朵繁盛，妩媚悦目，是具有较高开发利用价值的行道树种和庭荫树种。

2. 整形修剪 （图 10-79）

为培养通直健壮主干，在苗木定植的第二年春，可从地面剪除干茎，使其重新萌发新枝。

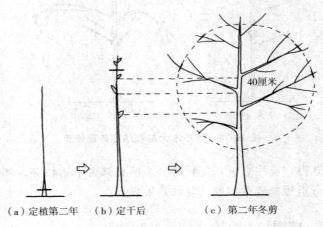

（a）定植第二年　（b）定干后　　　（c）第二年冬剪

图 10-79　梓树修剪

苗木出圃定干后，在其顶端选留 3 枚侧芽，作为自然开心形的主枝培养，这 3 个主枝应适当间隔、相互错开，不可为轮生。剪掉其他枝条。以后生长靠这 3 个斜向外生长的主枝扩大树冠。

栽植第二年，对这 3 个主枝短截，留 40 厘米左右，同时保留主枝上的侧枝 2～3 个，彼此间相互错落分布，各占一定空间，侧枝要自下而上，保持一定从属关系。

以后树体只作一般修剪，剪掉干枯枝、病虫枝、直立徒长枝。对树冠扩展太远、下部光秃者应及时回缩，对弱枝要更新复壮。

二十三、杜仲

杜仲（*Eucommia ulmoides*）为杜仲科杜仲属植物，别名玉丝皮、思仲。

1. 生物学特性

落叶乔木。树冠圆球形。高达 20 米。树皮灰褐色，小枝光滑。单叶互生，椭圆形或椭圆状卵形，长 6～18 厘米，基部楔形，先端尖，边缘有锯齿，上面微皱，叶脉凹陷，深绿色，下面淡绿色，网脉明显，脉上有毛。雌雄异株，雄花簇生，雌花单生于新梢基部，花叶同时开放或先叶而开。翅果长椭圆形。枝、叶、果断裂时都有丝相连（图 10-80）。花期 3～4 月份，果期 9～11 月份。

杜仲为我国特产树种，分布区域很广，在北纬 22°～42°、东经 100°～120° 的范围内均可种植。产于我国中部和西部，淮河及秦岭以南栽培较多。对土壤及气候适应范围较广，酸性、中性、微碱性土壤上都能生长，过黏、过湿和过于贫瘠处生长不良。喜光，稍耐阴，幼苗时不耐日晒，喜温暖、湿润气候，也能耐 －20℃ 低温。

图 10-80　杜仲果枝

怕涝。根系较为发达，再生能力较强，萌蘖力强。

树干笔直，树姿优美，枝叶繁茂，生长迅速，是理想的庭荫树、行道树，也是著名的药用树种。

2. 整形修剪（图 10-81）

可根据栽培目的选择主干形、疏散分层形、自然圆头形或自然开心形等冠形。

幼树定植 2 年后定干，春季萌芽后，选择 3～5 个枝梢培养成主枝，再将其余枝条剪去。以后每个主枝上培养 2～3 个侧枝，并适当修剪侧枝，把过密的侧枝及地面长出的一年生萌蘖苗剪去，以促进树干及主枝健壮生长。

成年树修剪，应注意保持树冠内空外圆，同时对主枝应根据其生长势的强弱适当修剪，一般剪去主枝延长枝的 1/3。杜仲修剪时还应注意剪除病虫枝、枯枝、徒长枝、过密的幼枝及生长不匀称的枝。

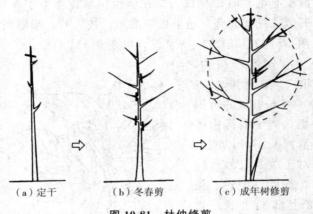

（a）定干　　　　（b）冬春剪　　　　（c）成年树修剪

图 10-81　杜仲修剪

二十四、卫矛

卫矛（*Euonymus alatus*）为卫矛科卫矛属植物，别名四棱树、鬼箭羽、鬼见愁、八树。

1. 生物学特性

落叶灌木或小乔木。高达 3 米。小枝绿色，四棱形，具木质硬翅。叶对生，边缘有细锯齿，椭圆形或倒卵形，长 3～5 厘米，叶柄短，嫩叶和秋叶为红色。聚伞花序腋生，由 3～9 朵花组成，花黄色（图 10-82）。蒴果，4 裂，紫色；种子假种皮，橘红色。花期 5～6 月份，果期 9～10 月份。

产于长江中下游地区及华北。酸性、中性及石灰性土壤都能生长。适应性强。耐干旱瘠薄，喜光，也耐阴，耐寒。

树姿秀丽，栓翅奇特，秋叶红艳，满树紫果，颇为美观，是叶、果俱美的优良花灌木。植于草坪、溪畔、亭角、路侧及建筑物周围均可，或作绿篱，亦别具特色。

2. 整形修剪（图 10-83）

当幼树长到一定高度时，留 2～3 个主枝，使其上下错落分布。每年秋季落叶后或早春萌芽前，短截每个主枝，剪去全长 1/3 左右，强枝轻剪，弱枝重剪。

冬季修剪时，适当保留从根上长出的不定芽以及树干上长出的潜伏芽，以便长出丰满的树形，结出更多的果实。

日常管理中，应剪除过密的新枝、拥挤的枝条和无用枝，短截、疏剪树冠内的强势竞争枝，及时除蘖、摘心。

图 10-82 卫矛花枝

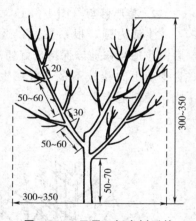

图 10-83 卫矛三挺身树形的
整形修剪（单位：厘米）

二十五、红瑞木

红瑞木（*Cornus alba*）为山茱萸科山茱萸属植物，别名凉子木。

1. 生物学特性

落叶灌木。干茎直立、丛生，高可达 3 米。枝条夏季暗绿色，春、秋、冬季血红色。单叶对生，卵形或椭圆形，长 4～9 厘米、宽 3～5 厘米，有稀柔毛，春夏绿色，秋季经霜后呈红色。先端尖，全缘，叶脉弧形。花小，乳白色，伞房花序顶生。核果长圆形，先乳白色后变蓝色。花期 5 月份，果期 9 月份。

分布于东北及内蒙古、河北、陕西、山东等地。性喜光也能耐半阴，极耐寒，耐旱，也能耐潮湿，不耐盐碱，喜湿润肥沃土壤，适植于弱酸性土壤或石灰性冲积土中。

白花，绿叶，白果（后变蓝），枝红色。特别是秋季枝叶变红，入冬枝干鲜红，在银装素裹的冬日分外醒目，使之成为颇受喜爱却较为少见的观花、观枝、观果、观叶的优良树种。可成片种植，冬季红枝醒目。

2. 整形修剪（图 10-84）

生活力强，根系发达，适应性广，极耐修剪。每年秋季落叶后，应适当修剪以保持良好树形及枝条繁茂，利于开花结果。如果春季萌生的新枝不多，可在生长季节摘除顶心，以促进侧枝的形成，使树冠丰满。

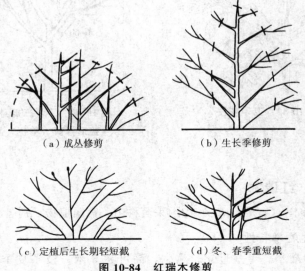

（a）成丛修剪　　　　　　　（b）生长季修剪

（c）定植后生长期轻短截　　　（d）冬、春季重短截

图 10-84　红瑞木修剪

　　五年生以上的中老株生长衰弱，皮色苍老、暗淡，应注意更新。可于秋季在基部保留1～2枚芽，其余全部剪去，翌年可萌发新枝。

第十一章

藤本花木的整形修剪

一、凌霄

凌霄（*Campsis grandiflora*）为紫葳科凌霄属植物，别名紫葳、女葳花、陵苕等。

1. 生物学特性

图 11-1　凌霄花枝

木质落叶藤本。长达数十米，具气生根。干皮纵裂，树皮灰褐色，呈细条状纵裂。借气生根攀缘上升。奇数羽状复叶对生，小叶 7～9 片，卵状或卵状披针形，长 3～7 厘米，先端尖，基部不对称，有锯齿，两面无毛。花顶生，冠漏斗状钟形，外面橙红色，内面鲜红色，径 6 厘米。蒴果长如豆荚。花期 7～9 月份，果期 10 月份（图 11-1）。同属种有美国凌霄，小叶多，9～13 枚；花橙黄色，数朵集生，圆锥花序；硕果圆柱形，先端尖。

原产于我国中部长江流域，各地均有栽培。性喜阳光及温暖湿润气候，较耐阴，不耐寒，耐干旱，忌积水。喜排水良好的微酸性和中性砂壤土。萌芽力强。对汞污染有抗性，也能吸尘滞尘。

干枝虬曲多姿，翠叶团团如盖，花大色艳，花枝从高处悬挂，柔条纤蔓，碧叶绛花，花期甚长。为庭园中棚架、花廊、花门、假山、墙垣、篱笆、坡壁的良好绿化材料，还可作地被。也是夏季少花季节著名的藤本观赏花木。

2. 整形修剪（图 11-2）

萌蘗性强，耐修剪。

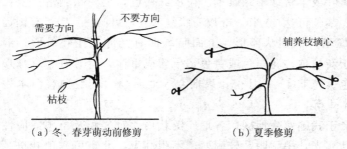

（a）冬、春芽萌动前修剪　　　　　（b）夏季修剪

图 11-2　凌霄修剪

定植后修剪时，首先适当剪去顶部，促使地下萌发更多的新枝。选一健壮枝条作主蔓培养，剪去先端未死但已老化的部分。疏剪掉一部分侧枝，以减少竞争，保证主蔓的优势。然后进行牵引使其附着在支柱上。主干上生出的主枝只留 2～3 个，其余的全部剪掉。

春季，新枝萌发前进行适当修剪，保留所需走向的枝条，剪去不需要方向的枝条，也可将不需要方向的枝条绑扎到需要的地方。

夏季，对辅养枝进行摘心，抑制其生长，促使主枝生长。第二年冬季修剪时，可在中心主干的壮芽上方处进行短截。从主干两侧选 2～3 个枝条作主枝，同样短截留壮芽，留部分其他枝条作为辅养枝。选留侧枝时，要注意留有一定距离，不留重叠枝条，以利于形成主次分明、均匀分布的枝干结构。

冬春，萌芽前进行 1 次修剪，理顺主、侧蔓，剪除过密枝、枯枝，使枝叶分布均匀，达到各个部位都能通风见光，有利于多开花。

二、木香花

木香花（*Rosa banksiae*）为蔷薇科蔷薇属植物，别名木香藤、七里香。

1. 生物学特性

落叶或半常绿攀缘藤本。树皮红褐色，呈条状剥落；茎枝细有皮刺，茎长可达 10 米。奇数羽状复叶，小叶 3～7 片，有锯齿，长 2～6 厘米，椭圆状卵形，上面暗绿而有光泽，托叶条形。伞状花序生于新枝顶，花白色或黄色，单瓣或重瓣，有芳香。果球形，熟时红色。花期 4～5 月份，果期 9～10 月份。其变种有白木香、重瓣黄木香等。

产于我国西南地区，各地广泛栽培。对气候及土壤适应性均较强。性喜光，稍耐阴，较耐寒，不耐高温，北京可露地栽培。在微酸性、中性土中均能生长，而在排水良好的砂质壤土上生长良好，忌潮湿积水，低凹积水地生长不良。萌蘖力强。

花叶并茂，晚春至初夏开花不断，白花宛如香雪，黄花灿若披锦，花香馥郁，是广泛用于庭园棚架、花篱、坡壁的垂直绿化树种。

2. 整形修剪 （图 11-3）

移植时对枝条进行强修剪，只留 3～4 个主蔓，定向诱导攀缘。休眠期修剪，应在春季萌发前进行，剪除病虫枝、枯死枝、交叉枝、密生枝、萌蘖枝和徒长枝。为了适当补充主、侧枝蔓不足，可将其余从基部剪除，以免消耗养分。

夏季，花谢后，应将残花和过密新梢剪去，使其通风透光，以利花芽分化。主蔓老时，要适当短截更新，促发新蔓。

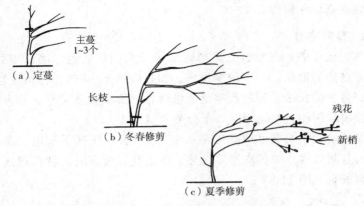

图 11-3 木香花修剪

三、扶芳藤

扶芳藤（*Euonymus fortunei*）为卫矛科卫矛属植物，别名爬行卫矛。

1. 生物学特性

常绿木质藤本。茎匍匐或以不定根攀缘，随地生根。茎长可达5米以上。小枝四棱形，有小瘤状突起，如任其匍匐生长，可随处生根。单叶对生，薄革质，长卵形至椭圆状倒卵形，长2～8厘米，基部宽楔形，有锯齿，入秋变红。聚伞花序，腋生；花小，绿白色。蒴果近球形，黄红色；种子有褐红色假种皮。花期5～6月份，果期10～11月份。栽培品种有斑叶扶芳藤、纹叶扶芳藤。

原产于我国黄河流域以南各地区。性喜温暖湿润气候，喜光且耐阴，较耐寒，耐干旱瘠薄，对土壤要求不严，但最适宜在湿润、肥沃的土壤中生长，若生长于干燥瘠薄处，叶质增厚、色黄绿、气根增多。

攀缘能力较强，茎、枝纤细，在地面上匍匐或攀缘于假山、坡地、墙面等处，均具有自然的形状。生长繁茂，叶色油绿光亮，秋叶红艳可爱，常用以掩盖墙面、山石或攀缘于老树、花格之上，是优良的垂直绿化树种。

2. 整形修剪

茎、枝纤细，在地面上匍匐或攀缘于假山、坡地、墙面等处，均具有自然的形状，一般较少修剪。如栽后第4～6年，保留主枝、侧枝，剪去徒长枝，经过数年整形修剪，可形成枝条下垂、富有动感的波浪状树相，红花绿叶，十分美观（图11-4）。

如欲盆栽，幼苗可摘除定芽1～2次，然后任其下垂生长形成垂挂式盆栽景观。如多次摘除定芽，促使其分枝多发，就可形成满盆绿荫景观（图11-5）。

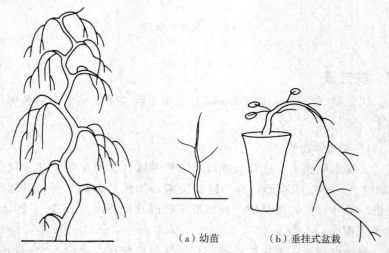

（a）幼苗　　（b）垂挂式盆栽

图11-4　扶芳藤波浪状树相　　图11-5　扶芳藤幼苗盆栽长成垂挂式供观赏

四、爬山虎

爬山虎（*Parthenocissus tricuspidata*）为葡萄科地锦属植物，别名爬墙虎、地锦。

1. 生物学特性

落叶大藤本。枝条粗壮，长10余米，暗褐色，具分枝卷须，卷须顶端有吸盘。叶互生，宽卵形，长 8～18 厘米，生于短枝上，先端多 3 裂，基部心形，有锯齿。聚伞花序，常生于短枝顶端两叶之间；花小，淡黄绿色。浆果球形，熟时蓝黑色，被白粉。花期 6～8 月份，果期 10 月份。同属有东南爬山虎、花叶爬山虎、三叶爬山虎、粉叶爬山虎、美国爬山虎等，均可选用为垂直绿化材料。

我国南北均有分布，除吉林省以北地区外，各地广泛栽培。对气候及土壤适应性强。性喜阴也能耐阳光直射，耐寒，耐旱，也能耐高温。酸、碱土壤均能生长，但在阴凉、湿润、肥沃的土壤中生长最好。对二氧化硫、氯气等有毒有害气体的抗性较强。

生长强健，蔓茎纵横，密布气根，翠叶遍盖，秋霜后叶色红艳，借助吸盘攀缘于墙壁，可绿化、美化高大建筑物，是观赏性和实用功能俱佳的攀缘植物。可攀附漏窗、花墙、山石、树体、楼房、墙壁生长，是垂直绿化的理想材料。

2. 整形修剪（图 11-6）

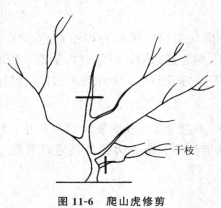

干枝

图 11-6　爬山虎修剪

爬山虎靠吸盘附着墙面。栽种时，要对干枝进行重修剪或短截，成活后将藤蔓引到墙面，及时剪掉过密枝、干枯枝和病虫枝，使其均匀分布。也可在墙面上设计图案，剪去图案以外的枝叶，即可创造出较理想的、有生命的图案画面。

五、常春藤

常春藤（*Hedera nepalensis*）为五加科常春藤属植物，别名爬树藤、长春藤、中华常春藤、三叶木莲。

1. 生物学特性

常绿木质藤本植物。老茎光滑，紫色，具有吸附气根，嫩枝具有鳞片状柔毛。单叶互生，革质，掌状，3～5裂，呈深绿色有光泽，背面黄绿色，叶柄长，生殖枝上菱形或卵状菱形叶全缘，叶脉色浅，黄白色，叶柄长，多呈黄白色（图11-7）。花序球形伞状，具细长花根，小花淡黄色，8～9月份开放，有香味。核果球形，橙黄色至黑色，第二年4～5月份成熟。

图 11-7　常春藤枝蔓

产于亚洲西南部温带、亚热带地区，对土壤要求不严，在疏松、较肥沃的中性或微酸性土壤中生长良好，喜排水良好的沙质壤土。怕高温，不耐低温，耐阴，喜湿润。对汞、苯污染有较强抗性和吸收能力。

四季常青，藤茎细长，借气生根攀缘他物附石而生，扶摇直上，或柔枝悬垂，颇具韵味。常春藤耐阴，可作室内盆景，悬垂陈设观赏；也可作常绿地被；还是净化空气、美化环境的优良树种。

2. 整形修剪 （图 11-8）

常春藤是木质藤本植物，藤茎细长，及时摘除组织顶芽，使组织增粗，促进分枝。常春藤生长快、萌发力强，宜随时剪除过密枝、徒长枝。

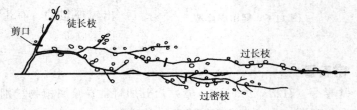

图 11-8　常春藤修剪

常春藤具有吸附气根，植于各种花墙、花架旁，再进行适当修剪，可创造各种立体造型。

六、金银花

金银花（*Lonicera japonica*）为忍冬科忍冬属植物，别名忍冬、金银藤、二色花藤、鸳鸯藤。

1. 生物学特性

半常绿缠绕木质藤本。长可达9米。茎皮条状剥落，枝细长。单叶对生，卵形或椭圆状卵形，长3～8厘米，先端尖，基部圆形至近心形，全缘，幼时两面被柔毛，老后光滑。伞房花序，花成对腋生，花冠筒状唇形，花初开白色后变黄，有芳香。浆果球形，蓝黑色。花期4～7月份，果期8～10月份。

原产于我国，北起辽宁，西至陕西，南达湖南，西南至云南均有分布。性喜光，耐阴，耐寒，耐旱，忌水涝，耐水湿，适应性强，对土壤要求不严，酸性、碱性土壤均能生长。根系发达，萌蘖力强，茎蔓着地就能生根。对二氧化硫、氯气有较强抗性。

植株轻盈，藤蔓缠绕，冬季叶微红，经冬不凋，花色先白后黄，繁花密布，秀丽清香，是一种色香俱备的优良藤本植物。可作篱垣、花架、花廊等的垂直绿化，也可点缀于假山和岩石隙缝间，或制作盆景。

2. 整形修剪（图11-9）

栽植3～4年后，老枝条适当剪去枝梢，以利于第二年基部腋芽萌发和生长。为使枝条分布均匀、通风透光，在其休眠期间要进行一次修剪，将枯老枝、纤细枝、交叉枝从基部剪除。

早春，在金银花萌动前，疏剪过密枝、过长枝和衰老枝，促发新枝，以利于多开花。

金银花一般一年开两次花。当第一批花凋谢之后，对新枝梢进行适当摘心，以促进第二批花芽的萌发。

如果作灌木栽培，可将茎部小枝适当修剪，待枝干长至需要高度时，修剪掉根部和下部萌蘖枝，保留干梢枝条，披散下垂，别具风趣。

如果作篱垣，只需将枝蔓牵引至架上，每年对侧枝进行短截，剪除互相缠绕枝条，让其均匀分布在篱架上即可。

（a）冬、春修剪　　　（b）第一次花后修剪　　　（c）灌木造型修剪

图 11-9　金银花修剪

七、紫藤

紫藤（*Wisteria sinensis*）为豆科紫藤属植物，别名藤萝、朱藤、黄环。

1. 生物学特性（图 11-10）

落叶缠绕藤本。长可达 30 米。枝干粗壮旋曲似盘龙。奇数羽状复叶互生，小叶 7～13 片，卵状长圆形至卵状披针形，幼叶有毛。

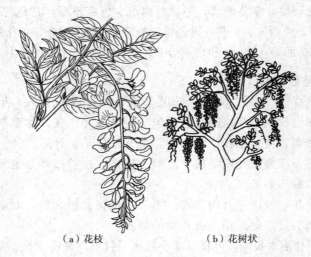

（a）花枝　　　　　　　（b）花树状

图 11-10　紫藤形态

下垂总状花序，长5～20厘米，花紫色，先花后叶，花期4～5月份。荚果扁长形，9～10月份成熟。品种有日本夏藤、白玉藤、美国藤、麝香藤等。

产于我国中部和日本。盘曲和缠绕性能强。性喜光，稍耐阴，耐旱，耐瘠薄，耐寒，耐高温，怕涝，适宜深厚、肥沃、疏松、排水良好的土壤，对氯气和二氧化硫等有害气体有抗性。

枝繁叶茂，花色浓艳，芳香宜人，在园林中，适宜花廊、花架等垂直绿化。也适宜工厂绿化。

2. 整形修剪 （图11-11）

定植后，选留健壮枝作主藤干培养，剪去先端不成熟部分，剪口附近如有侧枝，剪去2～3个，以减少养分竞争，也便于将主干藤缠绕于支柱上。分批除去从根部发生的其他枝条。主干上的主枝，在中上部只留2～3枚芽作辅养枝。主干上除发生一强壮中心主枝外，还可以从其他枝上发生10余个新枝，辅养中心主枝。第二年冬，对架面上中心主枝短截至壮芽处，以期来年发出强健主枝，选留2个枝条作第二、第三主枝进行短截。全部疏去主干下部所留的辅养枝。以后每年冬，剪去枯死枝、病虫枝、互相缠绕过分的重叠枝。一般小侧枝，留2～3枚芽短截，使架面枝条分布均匀。

（a）冬季修剪

图 11-11

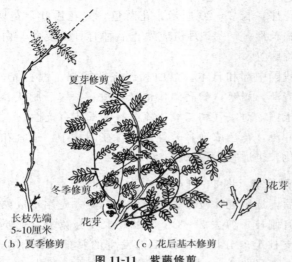

长枝先端
5~10厘米

（b）夏季修剪 （c）花后基本修剪

图 11-11 紫藤修剪

　　冬季在架面上选留 3～4 个生长粗壮的骨干枝，进行短截或回缩修剪。再剪去其上的全部枝条，壮枝轻剪长留，弱枝重剪短留，使新生枝条得以长势平衡而复壮。主枝上生的侧枝，除过于密集的适当疏剪几个外，一律重剪，留 2～3 枚芽。

八、葡萄

　　葡萄（*Vitis vinifera*）为葡萄科葡萄属植物，别名蒲陶、草龙珠。

1. 生物学特性

　　落叶木质藤本。茎长可达 30 米。枝条上具有枝状分叉卷须。单叶掌状对生。黄绿色小花，圆锥形花序大而长。浆果椭圆形或圆球形，成串下垂，有绿色、紫色、黄色等。8～9 月份成熟。

　　原产于亚洲西部。我国栽培已有 2000 多年，分布极广，长江流域以北几乎均有栽培。性喜光，喜干燥，较耐寒。适宜通风环境。对土壤要求不严，除重黏土、盐碱土外，砂土、沙砾土、壤土、轻黏土均能适应，尤其在肥沃疏松、pH 5～7.5 的沙壤土中生长良好。深根性，寿命长，生长快。扦插、播种繁殖。

葡萄硕果晶莹，翠叶满架，果实味美，是良好的垂直绿化树种兼经济果树。在庭园中创造花廊、花架、长廊成荫，既可观赏，又有美味的果实。也可盆栽制作盆景，串串果实下垂，极为美观。

2. 整形修剪（图 11-12～图 11-14）

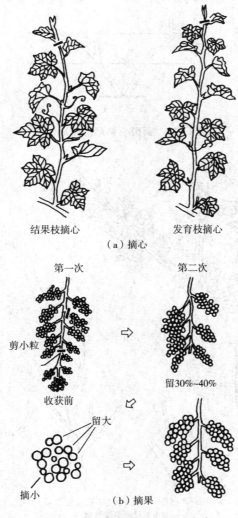

结果枝摘心　　　　　　　发育枝摘心

（a）摘心

第一次　　　　　　　第二次

剪小粒

收获前

留30%~40%

留大

摘小

（b）摘果

图 11-12　葡萄的摘心、摘果方法

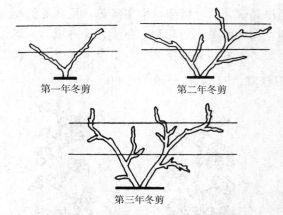

图 11-13　葡萄小扁形的整形修剪

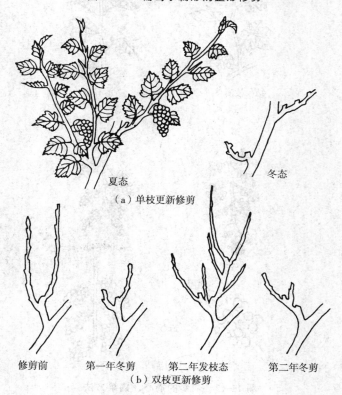

夏态　　　　　　　　冬态

（a）单枝更新修剪

修剪前　　　第一年冬剪　　第二年发枝态　　第二年冬剪

（b）双枝更新修剪

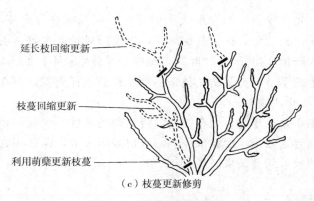

（c）枝蔓更新修剪

图 11-14　葡萄的更新修剪

应根据栽培用途、架式和品种差异，采取不同的修剪方法。修剪宜在落叶后到伤流前 20 天进行，而不能在春季树液开始流动时修剪，以免造成伤流而损失大量营养，导致植株衰弱、延迟萌芽或枯死。修剪一般有 4 种方法，即长梢修剪、中梢修剪、短梢修剪和极短梢修剪。对结果母枝保留 9 节以上的，为长梢修剪；保留 5～8 节的，为中梢修剪；保留 2～4 节的，为短梢修剪；只保留 1 节的，为极短梢修剪。修剪时应根据植株的生长势、品种特性、修剪方法、整形方法及架式、枝蔓粗度、着生部位等采取不同程度的修剪，强的长留，弱的短留。结果母枝之间要保留一定的距离，使枝蔓分布均匀，保证通风透光。对年老衰弱的主蔓，可利用下部的枝组或多年生蔓下部隐芽萌发的枝条，将上部回缩更新，也可利用基部，由地面发出的萌蘖，先行培养，再将老蔓去除。可采用篱架整形和棚架整形两种方式，篱架整形是无主干多主蔓扇形整枝，如双臂单层和双层水平整枝；棚架整形，有多主蔓扇形整枝、多龙干整枝。

（1）冬季修剪　生长势强的品种，适于中长梢修剪；生长势中庸的，适于中短梢修剪；生长势弱的，适于短梢或极短梢修剪。生长粗壮枝条花芽分化好，萌芽率高，可适当长留；母枝则应短留。结果枝更新有双枝更新和单枝更新。

（2）**夏季修剪** 当芽膨大至展叶时，应及时进行定芽与抹芽，每节保留 1 枚壮芽，抹去其他弱芽，以便通风透光良好，树体生长健壮。当新梢展出 3～4 片叶时，疏剪一部分生长不良的小枝。

在生长季节，为了防止枝条不断加长而消耗营养，应在果穗前留 5～6 片叶片摘心。

如果是盆栽葡萄，则应控制盆栽葡萄的植株，到秋季植株落叶之后，就要短截当年的结果枝。每枝留基部 2 节，第二年这 2 个节上长出的枝条就会结果。

九、野蔷薇

野蔷薇（*Rosa multiflora* Thunb.）为蔷薇科蔷薇属植物，别名多花蔷薇、蔷薇、刺花等。

1. 生物学特性

落叶小灌木或攀缘灌木。干枝蔓生，茎细长，多皮刺，株高 1～2 米。奇数羽状复叶，互生小叶 5～11 片，倒卵形至椭圆形，先端尖或钝，有锯齿，两面均有毛。圆锥状伞房花序，花色白、黄、红或略带红晕，有芳香，花单瓣、半重瓣或重瓣，花期 6～7 月份。果近球形或椭圆形，径约 6 毫米，有红、黄、黑、深红等色，瘦果多数藏于花托中，果期 9～11 月份。

原产于我国华北、华东、华中、华南及西南地区。性强健，喜阳光，也能耐半阴，耐寒，耐旱。对土壤适应性强，但在土壤深厚、肥沃疏松地长势最好。忌水涝，水涝易引起烂根。

枝繁叶茂，初夏开花，花团锦簇，芳香清雅，花期持久，红果累累，鲜艳夺目，可用以布置花架、花廊、花篱，或植于围墙、假山旁，或修剪造型，是一种优良的垂直绿化和装饰树种。

2. 整形修剪（图 11-15、图 11-16）

以冬季修剪为主，宜在完全停止生长后进行，不宜太早，过早修剪容易萌生新枝而遭受冻害。修剪时首先将过密枝、干枯枝、徒长枝、病虫枝从茎部剪掉，控制主蔓枝数量，使植株通风透光。主枝和侧枝修剪应注意留外侧芽，使其向左右生长。修剪当年生的未木质化新枝梢，保留木质化枝条上的壮芽，以便抽生新枝。

夏季修剪，作为冬剪的补充，应在6～7月份进行，将春季长出的位置不当的枝条，从茎部剪除或改变其生长伸长的方向，短截花枝并适当长留生长枝条，以增加翌年的开花量。

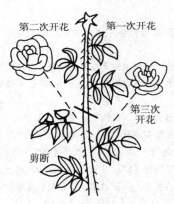

第一次开花后，从第3~5片之间剪断花枝，促进植株第二次开花

图 11-15　蔷薇花枝修剪

（a）夏剪（6~7月份花后修剪）　　　　（b）冬剪

图 11-16　蔷薇夏剪和冬剪

观赏花木
整形修剪技术

→ **主要参考文献**
• References •

[1] 刘萍，周天洪．浅析园林植物整形修剪的作用与方法．现代园艺［J］.2021（6）：36-37.

[2] 鲍虹．城市园林植物修剪与整形技术与方法探析．现代园艺［J］.2019（8）：35-36.

[3] 李静．关于园林苗木整形修剪的探讨．建筑工程技术与设计［J］.2015（6）1635-1635.

[4] 李娟利．观赏花木的修剪技术．现代农业科技［J］.2022；2014（14）：145-145.

[5] 胡长龙．观赏花木整形修剪手册［M］.上海：上海科学技术出版社，2005.

[6]（日）小黑晃．花木栽培与造型［M］.郑州：河南科学技术出版社，2002.

[7] 张秀英．观赏花木整形修剪［M］.北京：中国农业出版社，1999.

[8] 邹长松．观赏树木修剪技术［M］.北京：中国林业出版社，1988.